U0155852

韩可胜 著

诗画光阴

中国人的节气和节日

天津出版传媒集团

百花文艺出版社

图书在版编目（CIP）数据

诗画光阴：中国人的节气和节日 / 韩可胜著. ——
天津：百花文艺出版社，2023.10
ISBN 978-7-5306-8518-1

Ⅰ. ①诗… Ⅱ. ①韩… Ⅲ. ①二十四节气②节日-风
俗习惯-中国 Ⅳ. ①P462②K892.1

中国国家版本馆 CIP 数据核字(2023)第 158801 号

诗画光阴：中国人的节气和节日
SHI HUA GUANGYIN
ZHONGGUOREN DE JIEQI HE JIERI
韩可胜 著

出 版 人：薛印胜
选题策划：汪惠仁　责任编辑：李文静
特约编辑：刘 洁　装帧设计：郭亚红
封面设计：末末美书
出版发行：百花文艺出版社
地址：天津市和平区西康路 35 号　邮编：300051
电话传真：+86-22-23332651（发行部）
　　　　　+86-22-23332656（总编室）
　　　　　+86-22-23332478（邮购部）
网址：http://www.baihuawenyi.com
印刷：天津新华印务有限公司
开本：880 毫米×1230 毫米　1/32
字数：145 千字
印张：7.25
版次：2023 年 10 月第 1 版
印次：2023 年 10 月第 1 次印刷
定价：78.00 元

如有印装质量问题,请与天津新华印务有限公司联系调换
地址:天津东丽开发区五经路 23 号
电话:(022)58160306
邮编:300300

给生命的拔河送去赢的力量

朱良志

（著名美学家，北京大学一级教授，北京大学美学与美育研究中心主任）

我的书房挂着当代西方哲学研究权威、时年九十六岁的张世英先生给我写的条屏："超越现实只有两条，诗和哲学"。这是德国哲学家谢林的话。在精神的自由王国中，诗和哲学乃至宗教都是相通的。诗，是人类精神皇冠上的明珠。张先生勉励我，做美学研究，不能忘记诗。

诗的力量是巨大的。读先秦文章，《左传》之类的历史著作记载着那个时代社会政治的历史，而《诗经》不啻为那个时代心灵史的记录，它使我们在朝代更替、钩心斗角之外，又能聆听到那个时代青春的声音。读像"凤凰鸣矣，于彼高冈。梧桐生矣，于彼朝阳"这样的诗句，心会突然敞亮许多，觉得人世原来如此美好；读"荏染柔木，言缗之丝。温温恭人，维德之基"的警句时，会有一种切理厌心的通透，自己的心灵也似乎瞬间变得柔软起来。

诗，是人类精神书写的简洁化表达。不要总将它看作是无病呻吟、絮絮叨叨。我们国家的哲学常常是以诗书写的，我们的文明在一定程度上是由诗缔造的。我在做中国传统艺术研究时，深深感到，中国艺术其实就是诗的变奏。没有诗，我们的文明将是暗淡的。某种程度上说，诗，是我们这个民族真正的文明基因，它是一种无形的维系，将上下四方、往古来今裹为一体。"阳春召我以烟景，大块假我以文章"，我们无时无刻不沐浴在诗意的灵芬中。

诗，是自我的吟咏。有人说，这里多半是逃离现实的遁词。但在我看来，诗，非但不是躲在自己篱墙内的孤独吟唱，反而是汇入更宏阔世界的必然进阶。读诗，爱诗，培植诗的情怀，点亮心灯，汇入天地间无限的光明中。诗，往往被视为不切实际的东西，是出离现实后的清唱，这似乎总带有空幻不实的意味。但细细想来，难道我们天天纠缠在现实的功利中就是关心现实，计较着与自己相关的利益就是脚踏大地？诗，使人跳脱现实的漩涡，更好地俯瞰现实和人生，在变化的世界表象背后，看那不变的真实。"人间四月芳菲尽，山寺桃花始盛开。长恨春归无觅处，不知转入此中来"，这样的诗，似乎给我们打开了一扇新世界的门。

诗，常常和感伤联系在一起。"黯然销魂者，唯别而已矣"，读之使人情动；"今宵酒醒何处？杨柳岸，晓风残月"，回味让人情迷。然而，在今天高度发达的信息社会中，我们的感觉在加速钝化，甚至没心没肺成为流行色，我们变得越来越不敏感，面对寸断柔肠，也能漠然处之。这样的当下，是需要诗的。当一个生命没有诗时，有些东西就开始枯萎了。你不一定要成为诗人，只是不能丢失诗的情怀。宇宙生命是以诗写成的，没有诗，天地将失落光彩。当一切都以物质世界的价值来衡量时，当面对生命的凋零无动于衷时，当垂暮的气息笼罩着少年的面庞时，当污秽的语句从曼妙的身体中传出时……我们知道，这时候，是需要诗的出场了。识字不等于识事，知识不等于智慧，脑满肠肥并不能提升生活的质量。诗，不是让你颓废，只是让你恢复被物质洪流夺去的动能。每一个人都可以成为诗人，但我们首先必须有这个意愿。

我的挚友可胜兄一直从事传统文化，特别是诗词的传播工作，卓有成效。他写作的这本《诗画光阴：中国人的节气和节日》，从宇宙间着眼，从人世间入手，将复杂、宏大的节气和节日，写得优美而又从容不迫，可读性强，适合大人，也适合孩子，与当下提倡的亲子式教育非常贴切。从孩子教起，与其说是将诗性种在幼儿的心灵中，倒不如说是发掘人本性中与生俱来的诗的基因。脱略外在大叙述，激活孩子心灵深处的言说系统，抖落文明中附带的虚与委蛇，以天真、平和和开朗去塑造生命。"世味年来薄似纱"，从孩子做起，或许能让未来多一些理想。一个诗意的时代，一定是有意味的时代；一个诗意的人生,是可以期待的人生。可胜兄做的,就是在这开始处用力,在起点里立意,在还没有很多尘染的时候,呵护真性的因子。人在这世界上,不可能不被染,或净染,或污染。读诗,其实就是以"桃花潭水深千尺,不及汪伦送我情"的纯净,给这场生命的拔河送去赢的力量。

前言))

《文汇报》专访：节气，是最大的自然（代序）

　　传统文化如何转换成世界语言？在北京举行的第二十四届冬奥会的开幕式上，设计了以二十四节气来倒数时间的短片。全世界的观众在大屏幕上看到，"处暑"节气的画面，是一个满头大汗练习冰雪项目的男孩，汗水顺着他的下巴滴落。这个咬紧牙关的孩子，是奥林匹克精神的直白展现，而画面选配的诗句"春种一粒粟，秋收万颗子"，相信会击中每一个中国人的心灵，也会击中每一个经历过人间四季、成败起落的奥运观众的心灵。

　　多年来致力于传播节气文化的韩可胜，对二十四节气有更深一层的理解。他发现很多人认为节气就是风花雪月，写起文章来只谈花花草草；还发现很多人认为在城市化、工业化的当代生活中，节气已经无甚意义。本报（编者注：指《文汇报》）近日采访了韩可胜，请他谈谈节气何以仍与我们相关，谈谈中国人从自然中收获的智慧如何仍有益于当今世界。

文汇报：通常认为，二十四节气是基于农耕文明的经验。因此，生活在不同地理区域和物候条件下的人，不一定能够感同身受；要将之转换为世界语言，面对全球观众，更是难上加难。您作为文化学者，如何评价冬奥会开幕式对二十四节气的讲述？

韩可胜：首先要说，"二十四节气是基于农耕文明的经验"这话是不准确的。联合国教科文组织公布人类非物质文化遗产代表作名录时，有个准确的表述："二十四节气——中国人通过观察太阳周年运动而形成的时间知识体系及其实践。"其他关于二十四节气的很多简短判断，都不能准确体现二十四节气的本质。

节气首先是天文学，是关于太阳运动的知识，是对太阳在一年内不同时间之于地球的不同影响的发现和总结。明代大学者顾炎武说："三代以上，人人皆知天文。'七月流火'，农夫之辞也；'三星在户'，妇人之语也；'月离于毕'，戍卒之作也；'龙尾伏辰'，儿童之谣也。"古人不断培养强大的观察自然的能力，才能在大自然中相对顺利地生存下来。

节气其次是一个时间知识体系。为了指导生产生活，中国人逐步发现了节气。从最早的"二至"（冬至、夏至），到"二分"（春分、秋分），再到"四立"（立春、立夏、立秋、立冬），古人把一个太阳年从时间上平均分为 24 段，就是二十四节气。但其实，地球围绕太阳公转是一个近似正圆的椭圆形轨道,地球在近日点上公转得快一点儿,在远日点慢一点儿,所以节气其实不是严格均分时间的。明代西方天文学知识传入后,大科学家徐光启引入黄道概念,重新测量节气,太阳在黄道上每走 15°为一个节气,这就比把全年时间均分 24 等分精确了很多。1645 年,清廷据此颁立新的二十四节气,沿用至今。

"节"本义是"竹节","气"本义是"云气"。这 24 段,也就是 24 节,都有各自的气象、气候、气质。古人有的还做了细分,把月初的叫节令(立春、惊蛰、清明、立夏、芒种、小暑、立秋、白露、寒露、立冬、大雪、小寒),把月中以后的叫中气(雨水、春分、谷雨、小满、夏至、大暑、处暑、秋分、霜降、小雪、冬至、大寒)。中国人信仰天人合一。节气既是天,就会影响到人,所以,人的生活,乃至命相都会受到节气的影响。节气是农历年的基础和重要组成,四季从二十四节气中的立春开始,曾经所有的生产生活都在这个体系中展开。不仅种田、结婚、造房子、看风水、安葬先人、开张奠基、走亲访友,甚至古人算命相……每一个农历日子的背后都离不开节气。农历的月,依据的是天上那一轮明月,是阴历,初一一定月亮最小,圆月一定在月中;农历的二十四节气,依据的是太阳,是阳历。农历是阴阳合历,是阳历二十四节气和阴历月的结合体。

节气为实践科学,运用于农耕,在农耕文明中得到反复检验,也在农耕文明中得到发扬和完善。但如果说"二十四节气是基于农耕文明的经验",很容易得出推论,现在不是农耕社会,节气已经过时了。其实不然。比如说,作为时间知识体系,我们依然还在使用。中国人年年过大年,什么时候过年,哪天是大年初一,哪天是大年三十;什么时候四季交替,春夏秋冬从什么时候开始;为什么要闰月,什么时候闰月……这些背后的逻辑都是依据节气。

节气还是中国人的哲学,是中国人处理人和自然的关系所得到的思想和理念,是中国人精神生活的一部分。新华社有一段报道,我觉得写得很好:"随着中国城市化进程加快和现代化农业技术的发展,'二十四节气'对于农事的指导功能逐渐减弱,但在当代中国人的生活世界中依然具有多方面的文化意义和社会功能,鲜明地体现了中国人尊重自然、顺应自然规律和适应可持续发展的理念,彰显出中国人对宇宙和自然界认知的独特性及其实践活动的丰富性,与自然和谐相处的智慧和创造力,也是人类文化多样性的生动见证。"对我们中国人来说,节气是最大的自然。

冬奥会用一种令人惊艳的方式,让全世界人知道了中国还有节气这一古老而又现代的"时间知识体系"。它传达了中国人的一个理念,即自然是我们的朋友,是我们休戚与共的伙伴,不是征服、改造的对象。节气始终是中国人挥之不去的文化情结,就此可以说,我们时时都在与自然共生。

文汇报:二十四节气以哪个节气为起点? 北京冬奥会开幕当天,恰逢二十四节气中的"立春"。有趣的是,对于节气的起点究竟在冬至还是立春这个问题，一直存在争论。

韩可胜：所谓"立竿见影"，最容易发现的节气，是影子最长时候的冬至和影子最短时候的夏至。人们最早发现的节气就是冬至。如果按重要性排序，冬至无疑是最重要的一个节气，没有之一。冬至是最重要的转折点，第一个完整记录节气的《淮南子·天文训》也确以冬至为起点。

但是，节气一般不单独使用。"斗柄回寅"为"春正"（正月），这是夏朝的历法。汉朝重新确立了这一制度，一年四季春、夏、秋、冬的顺序也确定了下来。于是与之配套的节气，自然就依照了这个顺序。在我们的时间知识体系中，年比节气大，节气服从年。年从春季开始，立春节气就成了二十四节气之首。所以，说立春是节气之首，不仅仅是习惯，也是由历法体系的整体性决定的。我们的节气歌从立春开始，正是这一历法体系的体现。

文汇报：二十四节气作为一个知识体系，也传播到东亚其他国家。如日本，将之稍加改造，同他们的传统生活方式和器物联系起来，且加入了不同地方的不同风物。曾有学者表示，现代中国人似乎更强调血缘和姻缘，相对忽视地缘。就这一点而言，有必要向韩国和日本学习，运用传统节日增强"地缘"情感。您在传播二十四节气文化的过程中，是否也有类似的体会？

韩可胜：东亚地区，汉文化圈，有许多地方是基本符合节气特征的。与节气类似的，比如梅雨，中国有梅雨现象，日本也有。所以这些国家相对容易接受中国的气候体系乃至一些观念。不过他们的传播有他们的特点，日本是一个岛国，对"土地""地缘"的意识强，有他们文化的因素，也有他们现实的考量。

中国人也是非常重视"土地"和"地缘"的。中国人的乡土观念根深蒂固，像"树高千丈，叶落归根"，包括每年的"春运"都与之有关。只是当代社会，因为各地发展的不平衡，生存和发展机会有差异，人员高度流动，部分地破坏了地缘观念，特别是传统乡村的大量消失，让很多人的乡愁"无处安放"。但是，流动在外，也有强化地缘观念的一面。像今天有许多优秀的影视作品是讲述地方故事的，乃至用方言讲述，深入人心，这就是人们仍然执着于地缘认同的体现。

中国很大，气象结果不可能完全同步。岭南早已春雷隆隆，塞北还是雪地冰天。节气在北方和南方，会或晚或早一点，这也是被广泛认知的。《淮南子·天文训》第一次完整表述了二十四节气，其基准点正是秦岭至淮河一线，中国南北的地理分界线。以此为基准，南北方都能有个参照。

我们确实可以多多利用节气，让现代人在感受时间变换的同时，对自己所处的地理有更深的理解，增进对地方的情感和认同。在上海，读南宋文学家、教育家张栻写的"律回岁晚冰霜少，春到人间草木知。便觉眼前生意满，东风吹水绿参差"，这样典型的长江流域的立春场景，是不是就会有一种扑面而来的欢喜?十几年来,我在福建、四川、安徽、山东、甘肃,也都讲过节气。"羌笛何须怨杨柳,春风不度玉门关",玉门关在季风区和非季风区分界线上,在玉门关讲节气,有很多科学道理,也别有韵味。

文汇报:中国还有很多非遗,收入联合国非遗名录的,除了农历二十四节气,以及我们较为熟悉的书法、篆刻、剪纸,还有许多少数民族的或具有极强地域性的文化艺术,如藏医药浴法、蒙古族的呼麦、新疆维吾尔木卡姆、大西北的花儿、福建南音等。如何挖掘各地传统文化艺术中的审美与价值,使之穿越古今,共同构建今日中华民族文化自信的根基?

韩可胜:绝大部分非遗仍然具有强大的生命力,仍在发挥作用,共同展示博大精深的中华文化、中国精神和中国智慧。习近平总书记讲:"要讲清楚中华优秀传统文化的历史渊源、发展脉络、基本走向,讲清楚中华文化的独特创造、价值理念、鲜明特色,增强文化自信和价值观自信。"二十四节气就是中华文化的独特创造、具有科学的价值理念,有自己的鲜明特色。在中国的人类非物质文化遗产代表作中,二十四节气是很特别的,影响力也是最大的,被誉为"中国第五大发明"。

近代中国积贫积弱,中华民族饱受西方列强欺凌。但这只是世界文明此起彼伏的一面。在中华民族伟大复兴的进程中,这些非物质文化遗产就是中华民族自强繁荣的见证。了解并珍惜自己的传统，"自爱"是"自信"的第一步。

我生在、长在皖西南山区。每到春天，我就想起父亲念的"碧玉妆成一树高，万条垂下绿丝绦。不知细叶谁裁出，二月春风似剪刀"，这是父亲在惊蛰、春分时节教我的诗词。不管我走到哪里，总是记得儿时的场景，追着父亲问"剪刀"呢，"二月春风"怎么"似剪刀"——这样美好的、有爱的回忆，我一生都记得。你爱什么？爱家人、爱故乡、爱祖国……都不是虚无缥缈的，都有一个明确的指向和载体。而传统文化，包括诗词歌赋，包括传统艺术，就是这个指向和载体。

文汇报：奥运会的核心文化元素仍是现代的、充满活力的——像冰墩墩，戴上冰雪运动头盔，整体形象酷似航天员。给世人留下深刻印象的，还有日本在"东京8分钟"和东京奥运会开幕式上展示的动漫、法国在"巴黎8分钟"里展示的锌皮屋顶，这些都是他们一二百年里重新打造的标志性文化符号。您认为，我们如何开掘近现代的文化资源？我们的文化产业应该如何打造能够风靡全球的符号？

韩可胜：文化有一个二律悖反。就是既要讲传承，也要讲创新。这两者是什么关系呢？善于继承才能善于创新。如果丢掉了自己的文化符号，进行没有根基的创新，要么是"一时之新"，很快就烟消云散；要么是"模仿之新"，说到底是抄袭别人的。既要扎根于自己的东西，又要有创新，这要求是很高的。

"巴黎8分钟"里,运动员在各种建筑的屋顶上穿行,带领观众深入城市,认识巴黎。巴黎85%的屋顶都采用锌板,从空中俯瞰,随着光影变化,呈现出极富层次感的银灰色,这使得锌皮屋顶成为巴黎的城市标志之一,也赋予了巴黎"最美城市天际线"的美名。锌皮屋顶现代吗?我想也不算现代,都快要两个世纪了;但这也不是通常说的传统,而是他们重新发明的传统——近现代的传统。中国经济快速发展和社会长期保持稳定的奇迹,将为文化产业的发展提供强大的支持,在一个奋发而稳定的社会环境下,定会孕育出我们今天意想不到的文化符号。

文化自信不会孤立存在,总是与经济发展、科学进步和国力强盛结合在一起。前些年美国人演绎出来的"功夫熊猫",就是我们两种文化符号的成功化合。如果我们创造力再提升一些,能代表中国元素又曾影响世界的符号就太多了,比如推动了世界地理大发现的"指南针",推动了知识传播和普及的"印刷术"和"造纸术"……这些被广泛接受的事物,都来自中国,而当今世界,没有几个外国人知道这些历史了。作为中国人,你不告诉世界,谁告诉世界?

（《文汇报》专访,收入本书略有改动）

目录

中国人的节气

中国人的
节 日

中国人的 节气

立春

春到人间草木知

　　立春，二十四节气之首，春季的第一个节气，四季一个新循环的开始。春，原本是个动词，《说文解字》解释为"推也。从草从日，草春时生也"，就是草感受到太阳的召唤，应时而动，推开大地，生长出来的意思。《尚书》说："春，出也，万物之出也。"那为什么叫"立春"呢？这源于中国人的辩证思维。冬至节气，阴到了极点，但是阳也在滋生，所谓"冬至阳生春又来"。到了小寒大寒，大雁、野鸡、喜鹊、鹰隼感受到了春的气息，开始为繁殖新的生命做准备，正所谓"每于寒尽觉春生"。到了立春节气，春就不再潜伏在地下，而是像人一样稳稳当当地站起来了。立的本义，是人站在大地上。《月令七十二候集解》说："立，建始也。""建始"，区别于一般的"开始"，有竖立起来、让人看见的意思。

　　每个节气都分"三候"。"候"，就是物候，动植物因季节变化而呈现的状态。每个节气约十五天,每候约五天。立春节气第一候,"东风解冻"。古人发现,北斗七星的斗柄随着四季的变化,指向是不一样的。斗柄指向东方为春天,所以,春风也叫东风,如"东风不与周郎便,铜雀春深锁二乔""等闲识得东风面,万紫千红总是春"。春风、东风,总是最和煦的字眼。第二候,"蛰虫始振",意思是说,地底下蛰伏的虫子开始苏醒活动了。如"闻道新年入山里,蛰虫惊动春风起"。注意,这距离惊蛰节气的虫子出洞还有一个月的时光。第三候,"鱼陟负冰",意思是说,鱼儿也感受到了阳气的温暖,开始往水面上游,就像背起了浮冰。苏轼有"台前日暖君须爱,冰下寒鱼渐可叉"的诗句。

立春在古代是一个重要的节日,也就是"春节"。农历大年初一则叫"元日""元旦"。王安石在《元日》一诗中写道:"爆竹声中一岁除,春风送暖入屠苏。千门万户曈曈日,总把新桃换旧符。"这里写的就是农历大年初一。近代引入公历后,将"元旦"这个词送给了公历1月1日,随后又将"春节"这个词送给了农历大年初一。一元复始,万象更新,包括新的属相,都是从立春开始。比如,2022年立春是2月4日4时51分(据紫金山天文台),2023年立春开始时间是2月4日10点42分。立春总在过年前后。张栻的《立春偶成》中写道:"律回岁晚冰霜少,春到人间草木知。便觉眼前生意满,东风吹水绿参差。"这里写的是年底立春,所以叫"律回岁晚"。有些年份则是年头立春。在一个农历年内,年头年尾都有立春的叫"两头春",比如2023

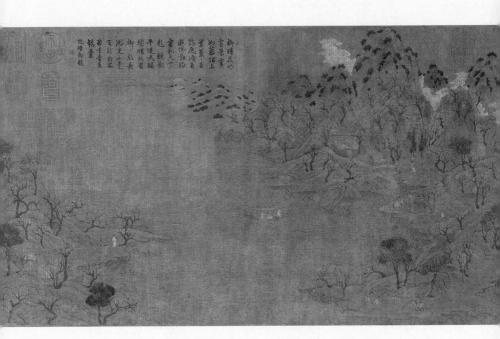

[隋]展子虔《游春图》

◎隋朝著名画家展子虔开创了青绿山水的画法,对唐代画坛影响很大,被称为"唐画之祖",其创作的《游春图》被认为是我国现存山水卷轴中最古老的一幅,也是青绿山水画早起的代表。这幅画描绘的是江南二月桃杏争艳时,人们春游的情景。

年;年头年尾都没有立春的叫"无春年"。当然,最多的还是单春年。

春,代表活泼泼的生命。萌动、催动是春的核心内涵,柳叶刚刚萌发,像美女的细眼,叫"春眼";枝条新生的末端,叫"春梢"。春天是繁衍的季节,这种萌动与繁衍、与生机勃勃、与瓜

飚绵绵联系在一起,所以也常常和女子联系在一起。《诗经》中就有"有女怀春"的诗句。诗词把女子的眉比作"春山","盈盈秋水,淡淡春山",特别滋润和含情。"青春",总是一个让人神往、兴奋又有些惆怅的字眼。"春兴""春心"都需要克制。江西宜春那则广告,"一座叫春的城市",成功地渲染了这座城市的活力。

没有一个冬天不可逾越,没有一个春天不会到来。写在立春的诗词,跟立春一样,都是生机勃勃的。辛弃疾说,"春已归来,看美人头上,袅袅春幡";白玉蟾说,"东风吹散梅梢雪,一夜挽回天下春";施枢说,"青青柳眼梅花面,才染阳和便不同";王冕说,"草木一时生意动,关河万里冻云开"……无论草木,禽兽,或者人,春天都是最美好的开始,所以讴歌春天的词语和诗歌特别多,也特别美,读起来都让人感到春阳拂面,春色满园,如沐春风。

人勤春来早,一年之计在于春。立春有很多习俗,比如迎春、鞭春牛、吃春卷、挂春幡、戴春胜——春胜是古代女子头上的一种首饰,这些习俗都与创造美好生活、享受美好生活息息相关。是的,生活是美好的,世界是美好的,让一切的美好都从春天、从现在开始吧。

雨水

沾衣欲湿杏花雨

　　雨水，春季的第二个节气，也是二十四节气中的第二个节气。"雨"是一个多音字，做名词时念三声，做动词时念四声。《说文解字》解释为："水从云下也"，可见动词才是它的本义。我和大家一样，一直念"yǔ 水"。先父较真，总是念"yǔ 水"，说"立春""雨水""惊蛰"都是动词。确实，《月令七十二候集解》说，"东风既解冻，则散而为雨水矣"，这里的"雨水"更加强调动词性质，解释为动词也更有味道，所以也应念"yù 水"。语音遵从通用原则，从俗从众，但也似乎不能说较真的人就错了——语文考试中非此即彼的答案常常被人诟病，不是没有理由的。

　　杜甫说："好雨知时节，当春乃发生。"恰当的时间，恰当的地点，做恰当的事情，这就是"好"。春雨之好，好在催生万物。每个节气都分三候。雨水节气第一候，"獭祭鱼"。此时冰块融化,开始捕鱼的水獭把鱼咬死后放到岸边依次排列,像是祭祀一般。元稹有"祭鱼盈浦屿,归雁过山峰"的诗句。晚唐诗人李商隐因为喜欢铺陈典故,被人嗤笑为"獭祭鱼"。第二候,"鸿雁来"。大雁成群飞回北方。"万里人南去,三春雁北飞"说的就是这个时节。第三候,"草木萌动",草木抽出嫩芽。"冰泮寒塘始绿,雨馀百草皆生",大地开始欣欣向荣。

雨水节气,太阳直射点从南回归线逐渐向赤道靠近,北半球气温回升,来自海洋的暖湿空气开始活跃,与北方的冷空气频繁交锋,形成降雨——注意,这是中国的气候,同在北半球,此时的上海多雨,而大洋对岸的洛杉矶就几乎滴雨未有。相比较美国大面积的干旱、俄罗斯和北欧的冷寒,你就会感慨四季分明、风调雨顺的中国果然是"神州",这真是一片上苍眷顾的土地。

二十四节气中与水有关的名称多达六个:雨水、谷雨、白露、寒露、小雪、大雪,说明中国总体上并不缺水。春雨柔,夏雨急,秋雨凉,冬雨寒。细细品味,春雨的特点最让人沉醉。细是春雨的形状。杜甫说,"细雨鱼儿出,微风燕子斜";秦观说,"一夕轻雷落万丝,霁光浮瓦碧参差";吴文英说,"青春半面妆如画,细雨三更花又飞"。千百年后,朱自清说,"看,像牛毛,像花针,像细丝,密密地斜织着,人家屋顶上全笼着一层薄烟",与诗一样,都是最美的语言。"润"是春雨的品格。杜甫说,"随风潜入夜,润物细无声";韩愈说,"天街小雨润如酥,草色遥看近却无"。春雨是最好的面膜,走在春雨中,根本不需要躲——躲

［明］戴进《风雨归舟图轴》

◎明代画家戴进所作的《风雨归舟图轴》描绘了暴雨降临的瞬间，风雨交加，江面上小舟颠簸摆荡，行人迎风而行的情景，笔墨奔放豪纵而苍劲淋漓，生动地表现了"风雨归舟"之意。

雨那是夏天的事情。

"春路雨添花，花动一山春色。"春雨催生了草，更催开了花，成为这个世界最让人不舍的风景。雨水节气的花信风依次为：菜花，"长水塘南三日雨，菜花香过秀州城"；杏花，"小楼一夜听春雨，深巷明朝卖杏花"；李花，"雨岸东西三十里，李花独树隔江明"。"民以食为天"，比起花花草草，更重要的还是庄稼，秋冬干燥的大地特别需要春雨的滋润，农作物才能健康地成长。万物生长靠太阳，万物生长也靠雨水。那沙漠戈壁寸草不生，缺的不是阳光，是雨水。有了春雨，就有了一年丰收的希望，我小时候听到最多的一句话就是"春雨贵如油"。

宅了一个寒冬，心如古井的和尚也抵挡不住春雨的诱惑。宋代诗僧志南说，"沾衣欲湿杏花雨，吹面不寒杨柳风"。明代诗僧宗泐(lè)说，"前村后村雨歇，舍南舍北水生"。清代诗僧元璟说，"桃花如雨草如烟，第六桥边剧可怜"。近代诗僧苏曼殊说，"轻风细雨红泥寺，不见僧归见燕归"。方外之人都忍不住要出来享受春雨的美好，让我们凡夫俗子相约，共浴一场春雨如何？

惊蛰

虫声新透绿窗纱

惊蛰，春季的第三个节气，也是二十四节气中的第三个节气。俗话说，"名不正则言不顺"，中国人对取名字是十分重视的，何况是给永恒的时间命名。二十四节气，名字都很美，而最美的名称当属惊蛰。蛰，《说文解字》解释为"藏也"，就是虫子藏在地下不吃不动。是什么惊动了冬眠的虫子？春雷。《月令七十二候集解》说："万物出乎震，震为雷，故曰惊蛰。是蛰虫惊而出走矣。"春雷惊动了沉睡的虫子，浓缩成"惊蛰"两个字，动宾结构，类似英语中的动名词。比起纯粹的名词，其动作性、过程性、形象性强很多。

每个节气都分三候。惊蛰节气第一候，"桃始华"。桃花开始吐出芳华，还不是盛开的季节，正如宋代诗人汪藻所写"桃花嫣然出篱笑，似开未开最有情"。第二候，"仓庚鸣"。仓庚就是黄莺，诗词中的大明星："打起黄莺儿，莫教枝上啼""留连戏蝶

时时舞，自在娇莺恰恰啼"，小学生都能背出一大堆。第三候，
"鹰化为鸠"。刘基诗歌说，"语燕鸣鸠白昼长，黄蜂紫蝶草花
香"，所写都是温和的象征。鹰和鸠是两种鸟，这种简单的事
实，长于观察的古人怎么会搞错？明代文学家张岱说，春天万

[南宋]吴炳《竹虫图页》

◎《竹虫图页》是南宋画家吴炳的代表作，画中竹叶繁多，
有些叶尖发黄变枯，竹枝修长柔韧，右上角一只黄蜂张翅
飞去，右下螽斯蹲踞竹叶之上，左上蜻蜓抱住竹叶后尾轻
扬，极尽写实，是不可多得的虫草佳作。

物生发，鹰不再杀生，像鸠一样温和，等到秋天捕食越冬，又恢复凶猛的本性，这就是万物的应时而动。这种解释符合中国人的世界观。

虫子有没有听觉？虫子是被春雷惊醒的吗？不知道有没有科学依据，但这不妨碍惊蛰诗词可以十分的美好。宋代诗人王禹偁《春居杂兴》，简直就是"惊蛰"二字的诗歌版："一夜春雷百蛰空，山家篱落起蛇虫。无端蚯蚓争头角，触破莓苔气似虹。"一夜之间蛇虫被春雷唤醒，在山野人家的篱笆间出没。"百蛰"，自然是种类极多的，诗人偏偏挑了经常被人做切段实验的蚯蚓来特写，常人眼中软绵绵的蚯蚓，此时此刻，气贯长虹、昂首挺胸钻出长满青苔的大地。诗人这视角，又滑稽又淘气，很像趴在地上看的小孩子。同样写惊蛰，王禹偁写的是突变，唐代诗人刘方平《月夜》写的是渐变："更深月色半人家，北斗阑干南斗斜。今夜偏知春气暖，虫声新透绿窗纱。"这首诗更加恬静、优美。突变也罢，渐变也罢，惊蛰时节，自然界的变化已经毫无保留地呈现在我们面前。

中国之大，岭南早就春雷隆隆，塞北还是雪地冰天。节气以中原为基准，黄河和长江流域，此时正是春雷响起的时候。

◎ 清代宫廷画家金廷标所作的《春野新耕轴》描绘了农人在田野间耙地、挑水、播种的春耕景象。画中题诗云："青郊雨后见新耕，按辔因教缓缓行。春色无边总娱目，何如芟柞最怡情。"

青郊雨後見新耕拨
穭田款緩之行春色
無邊總娱目何如笈
柞家怡情

御製見新耕者詩　畢予敬中欵書

[清]金廷标《春野新耕轴》

春雷惊蛰，还惊动了春笋，宋代欧阳修说，"残雪压枝犹有橘，冻雷惊笋欲抽芽"；更惊开了春花，清代张维屏说，"千红万紫安排著，只待新雷第一声"；又惊落了春雨，宋代秦观说，"一夕轻雷落万丝，霁光浮瓦碧参差"；最不可想象的是，春雷竟能惊发诗人的春心，唐代李商隐说，"飒飒东风细雨来，芙蓉塘外有轻雷"……人世间美好的一切都需要春雷的呼唤。春雷是春姑娘的脚步，是万物复苏的协奏曲，是真正的天籁之音。

春天是花的季节。惊蛰节气的三个花信风，一候是桃花，"桃花一簇开无主，可爱深红爱浅红"。紧跟其后的是棣棠，棣棠花是金黄色，宋代诗人范成大写道："绿地缕金罗结带，为谁开放可怜春。"最后是蔷薇，写蔷薇的诗词，最著名的当数"有情芍药含春泪，无力蔷薇卧晓枝"，秦观的作品柔媚，以这两句诗为代表，不及"水晶帘动微风起，满架蔷薇一院香"的清新、自然——这首诗的作者高骈是晚唐一位大将军，这首诗写在初夏，因为在山里，花开晚一些。"人间四月芳菲尽，山寺桃花始盛开"，没有特别的原因，是海拔高的缘故，古人老早就懂得"高处不胜寒"的道理。

"春雷响，万物长"，惊蛰也是春耕的开始。农耕民族迎来了一年最忙的季节，但这种忙碌就是生存，就是希望。

春分

乱分春色到人家

　　春分，春季的第四个节气，也是全年第四个节气。"分"，《说文解字》解释为"别也"，就是用刀把东西切成两半。春分，这把切开时间的"刀子"，究竟分了什么呢？平分了春季，前后各一半；平分了昼夜，白天和黑夜长度相等；平分了阴阳，阴气和阳气对半；平分了寒暑，实现了冷和热的平衡。《月令七十二候集解》说："分者半也，此当九十日之半。"《春秋繁露》说："春分者，阴阳相半也，故昼夜均而寒暑平。"我们现在知道，春分时太阳直射赤道，正好平分了春季，平分了昼夜，平分了阴阳，也平分了寒暑。节气的科学性可见一斑。

　　每个节气都分三候。春分节气第一候，"玄鸟至"。玄鸟就是燕子，"无可奈何花落去，似曾相识燕归来"。燕子是诗歌的宠儿。开一个燕子的飞花令，高手可以拼到天昏地暗。第二候，"雷乃发声"。惊蛰时候稀稀拉拉的雷声现在密集起来。诗歌

[明]仇英《汉宫春晓图》(局部)

◎《汉宫春晓图》是明代画家仇英创作的一幅绢本重彩仕女画。这幅画以汉代宫廷为背景，描绘的是初春时节宫闱中各色人物的日常琐事，画中后妃、宫娥、皇子、太监、画师凡一百一十五人，个个衣着鲜丽，姿态各异，既无所事事又忙忙碌碌，生动地再现了汉代宫廷的生活情景，被誉为"中国重彩仕女第一长卷"。

说："江浦雷声喧昨夜，春城雨色动微寒。"第三候，"始电"，开始有闪电。李白有"列缺霹雳，丘峦崩摧"的名句，闪电裂云而出，所以叫"列缺"。春分节气，雷公电母集体上班，大自然结束默片时代，变得有声有色了。

春分是最重要的节气之一。古人"立竿见影"，最容易发现的是影子最长时的"冬至"和影子最短时的"夏至"。从冬至到夏至，中间点是"春分"；从夏至到冬至，中间点是"秋分"。"两至两分"，就成了最早发现的四个节气，构成了节气体系最基础的框架。

　　相比较于其他节气，春分还多了一层含义。测节气有三种方法：第一种方法是"斗转星移"，观测入夜时分北斗星的斗柄指向来确定节气；第二种方法是"立竿见影"，通过影子长短来测节气。这两种方法都是将一个太阳年的时间均分成24等分，叫"平气法"。其实，地球围绕太阳公转是一个近似正圆的椭圆形轨道，地球在近日点上略快一点，在远日点略慢一点，所以节气在时间上并不是严格均分的；明代引进西方天文学知识后，著名天文学家、数学家徐光启提出了第三种方法，引入太阳黄道概念测量节气。徐光启是上海人，上海的"徐家汇"就因他而得名。黄道本质上是地球围绕太阳公转一年的轨迹，但从地球上看，是太阳一年中在天空中运行的轨迹。把360°的黄道分成24等份，每份15°，为一个节气。这叫"定气法"。虽然都是15°，但走完每个15°的时间略有长短，更加符合太阳运行的真实情况。定气法就是从春分开始，此时为黄道零度，依次每增加 15°，就有了二十四节气。公元 1645 年，清政府据此颁布实施定气法。

春分的习俗很多。最常见的是放风筝，"儿童散学归来早，忙趁东风放纸鸢"。最有趣的当属"竖蛋"，春分这一天，世界各地都有人忙着把鸡蛋竖起来，还有人在研究其背后的科学道理。这一"中国习俗"何以变成了流行各国的"世界游戏"，煞是有趣。挖野菜也是习俗之一，我老家皖西南山区盛产荠菜、水菊和毛香，每年到此时都会引起我的乡愁。

秦观说，"柳下桃蹊，乱分春色到人家"。春分时节三个花信风物候，首先是海棠，"东风袅袅泛崇光，香雾空蒙月转廊。只恐夜深花睡去，故烧高烛照红妆"。秉烛醒花，苏轼这种情怀真的让我千百年后对这位前辈充满了敬仰之情；其次是满树的梨花，还是苏轼，"梨花淡白柳深青，柳絮飞时花满城"。春天的诗句，没有比这更美的了；三候木兰，王维写辛夷花，"木末芙蓉花，山中发红萼"，辛夷花就是木兰花。"木兰花开山岗上，北国的春天，啊北国的春天已来临"——这是我大学时代最流行的歌曲中的歌词，到哪里木兰花都是春天的象征。

春分时可不仅仅只有这三种花。早开的花还没有谢，晚开的花已经萌动，这正是百花竞艳、佛都会动心的时节。抓紧出门赏花吧，人这一辈子能看到多少次花开花谢呢?

清明

清明风景好思量

　　"燕子来时新社，梨花落后清明"，宋代词人晏殊用两个动词把四个名词组合在一起，就成了一幕鲜活的风景。清明，春季的第五个节气，也是全年的第五个节气。"明"，《说文解字》解释为"照也。从月，从囧"，就是推开窗户、朗月当空的意思。《月令七十二候集解》说："物至此时皆以洁齐而清明矣。"《岳阳楼记》有段文字，用来描述清明节气最为贴切："至若春和景明，波澜不惊，上下天光，一碧万顷，沙鸥翔集，锦鳞游泳，岸芷汀兰，郁郁青青。"这是一段最美的文字，而世界上再也找不出比"清明"更恰当的两个字来形容这个季节之美。

　　每个节气都分三候。清明节气第一候，"桐始华"。桐树开始开花，古书中有青桐、白桐、紫桐，都是中国桐，不是大街上常见的法国梧桐。唐代诗人李商隐表扬后生晚辈，一吟就是绝唱："桐花万里丹山路，雏凤清于老凤声。"有一年这个季节，我

[唐]张萱《虢国夫人游春图》

◎《虢国夫人游春图》是唐代画家张萱的画作。这幅画描绘的是天宝十一年（752年），唐玄宗的宠妃杨玉环的三姊虢国夫人及其眷从盛装乘马出游的场景。全画构图疏密有致，错落自然，人与马的动势舒缓从容，正应游春主题。画家不着背景，只以湿笔点出斑斑草色以突出人物，意境空濛清新。设色典雅富丽，具装饰意味，格调活泼明快。画面上洋溢着雍容、自信、乐观的盛唐风貌。

从潍坊到青州，一路上桐花开放，极为匹配山东汉子的豪爽和真诚，于是心有所感，写下《桐花盛开在齐鲁大地》。第二候，"田鼠化为鴽"，鴽是鹌鹑一类的小鸟。前人解释，此时阳气上升，属于阴性的田鼠少了，属于阳性的鹌鹑多了，这是万物的应时而动。第三候，"虹始见"，"两水夹明镜，双桥落彩虹"。虹，向

来是最具神秘色彩的风景，古人认为它是阴阳交会的产物。用"阴阳"来解释世界，是中国古人对世界的朴素认知。

以清明为题，把时节写得最好的是这首诗："桃花雨过菜花香，隔岸垂杨绿粉墙。斜日小楼栖燕子，清明风景好思量。""思量"，在这里是惦记、欣赏的意思。作者是清代遁入空门的女诗人，法名介石。能够打动方外之人，可见这个时节有多美。因为太美了，所以清明最适合郊游、远足、踏青。宋代诗人吴惟信说"梨花风起正清明，游子寻春半出城"，城里人真会玩。宋代理学家程颢则劝大家要记得回来，"况是清明好天气，不妨游衍莫忘归"，一定曾有乐而忘返的情况发生。

古人出一趟门不容易，就把祭祖扫墓的事情一起办了。前后正好有寒食节、上巳节(三月三)，慢慢多节合一，使得"清明"从纯粹的节气，变成了最重要的节日之一，与春节、端午、中秋、重阳等并列。慎终追远，在年复一年的时光轮回里，面对黄土下的先人，各种感伤都会发生。宋代诗人黄庭坚说，不管贫富贵贱，结果都是黄土一抔："贤愚千载知谁是，满眼蓬蒿共一丘。"他的人生导师苏轼一向豁达，也难免伤怀："惆怅东栏一株雪，人生看得几清明"——这个"清明"意味深长。

喝酒是排遣感伤的最好办法。宋代诗人高翥清明祭扫后感叹："人生有酒须当醉，一滴何曾到九泉。"这句诗是许多人不能戒酒的终极理由。唐代诗人杜牧在路上找酒，吟出了清明的代表作："清明时节雨纷纷，路上行人欲断魂。借问酒家何处有，牧童遥指杏花村。"相比之下，宋代诗人王禹偁的人生态度最为昂扬："昨日邻家乞新火，晓窗分与读书灯。"只要有一盏不灭的读书灯，就有光明和希望。

清明节气，三个花信风，第一候是桐花。白居易说："春令有常候，清明桐始发。"第二候是麦花，小麦花细小，白茫茫的一片，是农耕民族的希望。"梅子金黄杏子肥，麦花雪白菜花稀"，宋代诗人范成大写的四种景致都与吃相关。第三候是柳花，就是柳絮。不起眼的柳花，历来是诗人的最爱，李白"风吹柳花满店香，吴姬压酒劝客尝"，苏轼"梨花淡白柳深青，柳絮飞时花满城"，都是著名的诗句。

清明时节，面对最美的时光，追思最亲的先人，或悲，或欣，或悲欣交集。其实，清明就是清明，过什么样的清明，取决于你自己，取决于你的遭遇和心境。

谷雨

无可奈何花落去

谷雨,春季的第六个也是最后一个节气,也是全年第六个节气。"谷",《说文解字》解释为"百谷之总名也",就是粮食作物的总称。谷雨,通常解释为"雨生百谷"。《月令七十二候集解》中则念去声"yù",解释为播种谷物的意思,"盖谷以此时播种,自上而下也",都是合理的解释。谷雨节气是农耕文化的体现。中原气候雨热同期,就是雨水和气温同步上升,这特别有利于农耕,天时、地利、人和共同催生了发达的农耕文明。关于谷雨,还有一个传说,仓颉造字,"天雨(yù)粟,鬼夜哭",因为文字,人类走出鸿蒙,踏上了全新的、但也前程莫测的征途,上苍下起粟雨来庆祝,鬼神悲伤地哭泣。这个传说,有着深刻的含义,体现了中国人对文明、对知识本身的辩证思考。

每个节气都分三候。谷雨节气第一候,"萍始生",浮萍开始生长。唐代诗人王勃说,"萍水相逢,尽是他乡之客";宋代诗人文天祥说，"山河破碎风飘絮，身世浮沉雨打萍"。"萍"常有漂泊无根之意。第二候，"鸣鸠拂其羽"。鸠，指布谷鸟，谷雨节气的"发言人"。"寻花人隔绿帘语，布谷鸟忙深树啼"。我小时候，爸爸说布谷声声，提醒人们抓紧播种。爸爸还说，人生也一样，"一年之计在于春"，春天是播种的季节。春的努力，决定了夏的成长、秋的收获、冬的平安。第三候，"戴胜降于桑"，桑树上的戴胜鸟，也是"声声催我急种谷，人家向田不归宿"。其实哪里是鸟会催人，是勤奋的人"不待扬鞭自奋蹄"。

谷雨一到，春天就谢幕了。所谓花开四季，最集中的是在小寒到谷雨的八个节气里。谷雨节气的花信风物候，依次为牡丹、荼蘼和楝花。牡丹富丽、硕大、色彩鲜艳，人称"花中之王"。唐朝诗人刘禹锡说："唯有牡丹真国色，花开时节动京城。"只有牡丹才有万人空巷的魅力，人们去看牡丹，"每春暮，车马若狂"。相比之下，荼蘼和楝花要冷清许多。荼蘼开白色的花，南宋诗人王淇说："开到荼蘼花事了，丝丝天棘出莓墙。"苦楝树是高大乔木，但所开的楝花细小、淡紫。明代诗人杨基这样描写他的故乡苏州天平山："细雨茸茸湿楝花，南风树树熟枇杷。徐行不记山深浅，一路莺啼送到家。"好美！楝花之后，二十四番花信风归于圆满。

"无可奈何花落去""落花流水春去也"，春去总是让人伤感的事情。但老天爷总不亏待人。这不，谷雨节气，吃的来了，喝的也来了。河豚是春天美食的代表，"蒌蒿满地芦芽短，正是河豚欲上时"。好东西常常是成双成对出现的。与河豚结伴，慰

[元]沈孟坚《牡丹蝴蝶图》

◎《牡丹蝴蝶图》是元代画家沈孟坚的画作。图绘牡丹一枝,彩蝶二只,牡丹花以粉色为主色,尽显娇嫩、华丽,彩蝶闻花而来,翩翩起舞。此图构图精巧,勾画细致,动静相宜,栩栩如生,给人春意盎然之感。

藉人们的还有谷雨茶。宋代诗人黄庭坚说:"未知东郭清明酒,何似西窗谷雨茶。"清明以前的茶叫"明前茶",稀罕,尝鲜而已。谷雨茶醇厚、入味,产量也高,是春茶的代表。"诗写梅花月,茶煎谷雨春",谷雨茶是文人生活的象征。

时光易老，岁月不居。春天，不是布谷鸟送走的，宋代诗人陆游说"无端催取流年去，最恨溪头布谷儿"，真是冤枉了鸟儿。春天，也不是荼蘼和楝花送走的，还是宋代诗人曹豳说真话："门外无人问落花，绿阴冉冉遍天涯。"春天，不会因为我们的无限留恋而停下离开的脚步。好在岁月各有美好，让我们张开双臂拥抱夏天吧。

立夏

绿树阴浓夏日长

立夏,全年的第七个节气,夏季的第一个节气,表明夏季的开始。"夏",原本指中原地区的人。《说文解字》说:"夏,中国之人也……引申之义为大也。""夏"是象形字,表示堂堂正正、高高大大的人。中国人把自己这个民族命名为"华夏",那是又漂亮又高大的意思,是不是自信心满满? 延伸为万物长大——这是夏季的"夏"所表示的意义。"立","建始也",不同于一般的开始,"建始"就像建筑物一样竖起来,让人看得见了。春种、夏长、秋收、冬藏,春天万物就在生长,只不过到了夏天,这种长大让人清楚地看见了。

每个节气都分三候。立夏节气第一候,"蝼蝈鸣",土狗子叫了。有人说蝼蝈是蛙类,或鼠类。南宋权相贾似道这样描述蝼蝈:"蝼蝈之形最难相,牙长腿短头尖亮。"这可不就是土狗子?完全与蛙和鼠无关。第二候,"蚯蚓出"。盛唐诗人储光羲把蚯蚓作为田园生活的代表："蚯蚓土中出，田乌随我飞。"第三候，"王瓜生"。北宋诗人梅尧臣说："王瓜未赤方牵蔓，李子才青已近樽。"王瓜是一种多年生藤本植物，红澄澄的椭圆形果子挂在藤上，非常可爱，是清热、生津的中药，也是古代常见的果蔬。离开农村后，我就没有再见到过王瓜了。

清代诗人王国维说："最是人间留不住，朱颜辞镜花辞树。"春天到底是义无反顾地走了，全然不管我们的不舍和挽留。春、夏、秋、冬统称"四时"；节气中的立春、立夏、立秋、立冬，与春分、秋分、夏至、冬至合起来就是"八节"。"四时八节"代表着一年的时光。这都是从天文学角度，根据太阳在黄道上位置的划分而定。从气候学来说，连续五天平均温度超过 22℃才算入夏。所以"立夏"与"入夏"不是一回事。当然，立春、立秋、立冬，也是一样的道理。

春，花是"花旦"；夏，树才是"主角"。火热的阳光下，树荫是很多人的最爱。"泉眼无声惜细流，树阴照水爱晴柔""借与门前磐石坐，柳阴亭午正风凉"……都是进入了语文课本的诗篇。春分时刻，太阳直射点从南到北越过赤道，北半球白天越来越长，到了夏天就更明显了。唐末大将高骈写道："绿树阴浓夏日长，楼台倒影入池塘。水晶帘动微风起，满架蔷薇一院香。"赳赳武夫也是大诗人，所以我们说唐朝是一个诗歌的时代。

旧时立夏有一些有趣的习俗，可惜在城市化之后愈行愈远。比如说斗蛋，就是把煮熟的鸡蛋，尖头碰尖头，碰破的算输。春分竖蛋，立夏斗蛋，我小时是穷光蛋，是不能拿出来"竖"

［南宋］马远《白蔷薇图》

◎马远，生卒年不详，南宋画家。擅画山水，兼精人物花鸟，虽取法李唐，但往往能自出新意。《白蔷薇图》是其存世作品之一，画中的白蔷薇花朵硕大，枝叶繁茂，光彩夺目。画作构图精简，笔法严谨，风格清丽，生动活泼，代表了南宋画院花鸟画的典型风貌。

或者"斗"的。立夏更常见的习俗是"称夏"。在男女老少的围观中，壮汉拎起一杆秤，小孩子又兴奋又忐忑，轮流站到箩筐里，称重量。调皮的孩子一屁股坐在箩筐里，招来一顿嗔骂，因为用竹篾编织的箩筐不怎么经得起折腾。秤砣只能从小的数字慢慢移到大的数字，表示越长越重，寓意健康。秤杆子还高高上翘的时候，要赶紧停下来，报出数字。小孩子急吼吼地问爸妈，去年多少斤，然后算出自己这一年长了多少。秋收冬藏，人和动物一样，长膘都在冬春。那时，只恨自己不胖，就跟现在只恨自己不瘦一样。

一年四季，最舒适的季节是初夏。看宋朝诗人，一个个都在干什么。苏舜钦说，"树阴满地日当午，梦觉流莺时一声"，大白天睡觉；苏轼说，"碧纱窗下水沉烟，棋声惊昼眠"，也是大白天睡觉；杨万里辞官不做，早晨睡到自然醒，中午还补了一觉，"日长睡起无情思，闲看儿童捉柳花"。男人如此，女人亦然，不需要找理由，朱淑真说："谢却海棠飞尽絮，困人天气日初长。"

人在征途，身不由己。"何时得遂田园乐，睡到人间饭熟时"，从古到今，睡觉的自由都是最难得的自由。像我们这样的假白领、真蓝领，节奏快、压力大，大白天睡觉更是非常奢侈的事情。

小满
绿叶成阴子满枝

　　小满，全年的第八个节气，夏季的第二个节气。"满"，《说文解字》解释为"盈溢也"，意思是水满了。后来延伸开来，就不仅仅指水了。"黄四娘家花满蹊""山雨欲来风满楼""满面尘灰烟火色""春色满园关不住"……延伸出各种具象和抽象的"满"。而"小满"也有两种解释，一种解释为水，因为降雨多，江河渐满；另一种解释，小麦之类谷物开始灌浆。《月令七十二候集解》说"物至于此，小得盈满"，泛指各种果实，又不仅仅指小麦了。虽然还在孟夏，但春天已杳无踪迹，"狂风落尽深红色，绿叶成阴子满枝"。果实们正在趋于饱满的路上。一切只是"小满"，还不到"大满"。

　　然而二十四节气中，压根儿就没有"大满"。小与大相对，节气中有小暑，就有大暑；有小雪，就有大雪；有小寒，就有大寒。唯独有小满，没有大满。为什么呢？有一种解释为，中国人对"满"充

［南宋］林椿《枇杷山鸟图》

◎《枇杷山鸟图》是传为南宋林椿创作的绢本设色画。作者以精雕细刻的画笔，对花果、鸟、虫的形象都作了生动的描绘：硕大的枇杷叶和成熟的果实，在盛夏的阳光中金碧璀璨，闪烁着诱人的光彩；俊俏的小鸟立于枝上，伸着尖细锋利的嘴巴，紧瞅着爬行在枇杷上的蚂蚁，生动细腻的构图，使画面富有浓郁的生活情趣。

满了警惕,所谓"满招损,谦受益"。许多耳熟能详的观念都与此有关,比如:日中则移,月盈即亏;物极必反,否极泰来;盛极则衰,枯荣轮转……我小时候读书不错,听到最多的教诲就是不要"骄傲自满",耳朵都听出茧来。连带生活中,酒喝六分醉,饭吃七分饱——什么事情都要恰到好处,不要太"满"。

每个节气都分三候。小满节气第一候,"苦菜秀"。苦菜是古诗文中的常客,宋代诗人王之望说:"朝来食指动,苦菜入春盘。"可见它自古就在人们的食谱之中。晚清重臣张之洞也有这样的诗句:"上山采苦菜,青青不盈筐。""秀"是抽穗开花的意思。苦菜属于菊科,苦菜花颇有一点菊花的姿容。小时候看过一部电影《苦菜花》,主题曲《苦菜花开》是那个时代的经典,我至今能想起那旋律。作家吴伯箫说:"感人的歌声留给人的记忆是长远的。"一点不假。第二候,"靡草死"。靡草,一种纤细柔弱、随风倒伏的草。"靡"是随风倒下的意思,比如"风靡""所向披靡"。古人认为,万物应时而动,这种草"感阴而生",阳气强的时候,就会枯萎死去。"野火烧不尽,春风吹又生",靡草再生又是一年。所谓"人生一世,草木一秋",大自然的有情体现在它的无情之中。第三候,"麦秋至",麦子成熟了。"秋"是"禾谷熟也",成熟的意思。宋朝多位诗人写有"小麦青青大麦黄",不知道谁才是著作权所有者。现在稻米是第一主食,东北都以生产优质大米著称。可是在历史上,麦才是黄河流域的主角。"四月南风大麦黄,枣花未落桐叶长",小满节气,最是青黄不接的时候,好在大麦收获了,大麦收获和水稻插秧几乎是同步的事情。诗人们吟唱"人间四月芳菲尽,山寺桃花始盛开"的时候,农民迎来了忙碌的季节:"乡村四月闲人少,才了蚕桑又插田。"

比起感人的歌声,饥饿给人的记忆更加刻骨铭心。从记事开始,每到小满节气,肚皮空空如也,是一点都不满的。哭着要吃饭,让大我仅四岁的姐姐也无可奈何。好在一切都已过去,全民已经小康。专家们为小康制定的许多标准都把年收入放在了第一位。在我看来,第一标准不是有钱,而是随时随地不担心吃的。温饱二字,"饱"比"温"更重要。唐代诗人吕岩以艳羡的口气描写牧童:"归来饱饭黄昏后,不脱蓑衣卧月明。"很有画面感。这个吕岩可不是一般人,他还有一个更加广为人知的名字:吕洞宾。不错,正是"八仙"之一的吕洞宾,道教的一代宗师。可见,即便在仙人眼里,能吃饱、有自由,才是幸福的生活。

芒种 昼出耘田夜绩麻

芒种，全年的第九个节气，夏季的第三个节气。貌似简单的"芒种"二字颇让专家伤脑筋。"芒"，《现代汉语词典》解释："某些禾本科植物籽实的外壳上长的针状物。"大麦、小麦和水稻都有芒，"芒种"究竟指哪一种或哪几种作物的芒？"种"有两种读音。东汉儒学大师郑玄解释："芒种，稻麦也。"那就是名词，念"芒种（zhǒng）"。但我们更多念"芒种（zhòng）"，动词，播种、栽种的意思。《月令七十二候集解》中兼顾了名词和动词："谓有芒之种（zhǒng）谷可稼种（zhòng）矣。"确实周全了，问题是麦子又不在此时播种。只有把这种困惑放在中国文化的涵容性中，才能得到合理的解释。作为一个节气名称，"芒"是广义的，涵盖了稻和麦；"种"也是广义的，涵盖了收和栽。这样完整的意思就是：有芒的麦子快收，有芒的稻子快种。芒种的命名，体现了古人的大局观、整体观。

[西蜀]黄筌《写生珍禽图》

每个节气都分三候。芒种节气第一候,"螳螂生"。螳螂,别名天马,体态修长,通体绿色,那真是人见人爱的"绿马"。古人有"一路稻花谁是主,红蜻蛉伴绿螳螂"的诗句。螳螂最显眼的是两个前肢像有锯齿的大刀。还有一对复眼,突出而明亮。看起来威风凛凛,像昆虫界横刀立马的大将军。难怪庄子编排它"螳臂当车",别的虫没有这个架势;第二候,"鵙(jú)始鸣",伯劳鸟开始叫了。汉乐府有"东飞伯劳西飞燕"之句,比喻情人间的离别,衍生出成语"劳燕分飞",最是让人伤感。那好听的网红歌曲《芒种》"一想到你我就,空恨别梦久,烧去纸灰埋烟柳",我

◎《写生珍禽图》是五代十国画家黄筌创作的绢本设色画。在尺幅不大的绢素上，画家画了昆虫、鸟雀及龟类共二十四只，均以细腻的线条画出轮廓，然后赋以重彩，每一动物的神态都画得活灵活现，富有情趣，耐人寻味。此作对宋代花鸟图的工笔重彩画风产生了很大影响。

怀疑就是从"劳燕分飞"受到启发的；第三候，"反舌无声"，反舌鸟不叫了。据说这种鸟舌头很灵活，能翻转过来模仿其他鸟的鸣叫，所以又叫"百舌鸟"。宋代诗人张舜民讽刺它"学尽百禽语，终无自己声"，反舌鸟最善于适应城市生活，上海到处可见，它的学名叫"乌鸫"。

"昼出耘田夜绩麻，村庄儿女各当家"，万物应时而动，不仅仅是鸟和虫，还包括人。芒种，民间谐音为"忙种"。忙着割麦子，忙着栽水稻，都是事关饭碗的大事。唐代诗人白居易写割麦："田家少闲月，五月人倍忙。"南宋诗人陆游写插秧："时雨及芒种,四野皆插秧。"插秧是最辛苦的事,但是稻田连绵的绿色是百姓生存的希望。在希望的田野上，处处都是最美的诗篇。"绿波春浪满前陂,极目连云糯稻肥""漠漠水田飞白鹭,阴阴夏木啭黄鹂",读到这些诗,总让我莫名地感动。

对农耕民族最大的祝福是"五谷丰登"。"五谷",最初有没有稻还两说,但一定是有麦子的。冬麦下半年播种,此时正是收获的季节。"家家麦饭美,处处菱歌长",我老家在皖西南山区,小时候吃的麦饭,小麦粒与极少量的大米或者只与青菜、野菜一起煮,粗硬得难以下咽。记忆中也有亮点,新鲜的小麦粉做成粑,垫上青翠的粑叶上锅蒸,那是真的又香又甜。半夜蒸出来,吃着吃着就攘着粑睡着了。因为舍不得吃面粉,所以一年只能尝一次鲜。还有用大麦炒熟磨粉,冲兑照得进人影的米粥来充饥,有一种独特的焦香味。在青黄不接的日子,感恩大麦小麦! 南宋诗人范成大在《四时田园杂兴》中说:"二麦俱秋斗百钱,田家唤作小丰年。"秋,是成熟、收获的意思。"斗(dǒu)百钱",意思是价钱不菲,依照这组诗歌写实的风格,应该也是当时麦子价格的真实写照。

俗话说,"春争日,夏争时"。一头连着种,一头连着收,芒种节气,分分秒秒都是宝贵的。有种有收,不种不收,又岂止是庄稼? 人生亦如是。

夏至 也爱迢迢夏日长

夏至，全年的第十个节气，夏季的第四个节气。"夏"，长大的意思。"至"，本义指鸟从天空飞到地面，引申为事物发展到极致，相当于"最"。《月令七十二候集解》说，"夏至……万物于此皆假大而至极也。"夏至，不是夏天到了，是"最夏天"的意思。与夏至相对的冬至，也不是冬天到了，而是"最冬天"的意思。至亲至爱、至大至刚、至善至美，都是这个"至"。但是经常有人误解了这个"至"。

夏至、冬至，都可以简称为"至""至日"，是最早确定也是最重要的两个节气。古人立竿见影，最容易发现的是影子最长的冬至和影子最短的夏至。夏至，太阳直射北回归线；冬至，太阳直射南回归线。太阳的直射点在二者之间来回移动，是四季和节气形成的根本原因。在北回归线和南回归线之间，一年有两个瞬间太阳直射，从而出现"立竿无影"的景象。

每个节气都分三候。夏至节气第一候,"鹿角解"。古人认为鹿角属于阳性,夏至阳气到了极致,阴气开始滋生,鹿角感受到阴气到来而开始脱落。"呦呦鹿鸣,食野之苹",在传统文化中,鹿是长寿和富贵的象征,鹿角向来是中国人滋补的佳品。第二候,"蜩(tiáo)始鸣"。蜩就是蝉,在盛阳之际感阴而鸣。古人认为,蝉餐风饮露,是高洁的象征。唐代政治家虞世南写蝉:"居高声自远,非是藉秋风。"我童年时,是捕蝉的行家里手,"意欲捕鸣蝉,忽然闭口立",写的就是当年我这样的牧童。第三候,"半夏生"。半夏是一种中药,居夏之半而生。用时间给花草命名,真是富有诗意。"西子馆前多半夏,越王台下有蘼芜",作者是明代诗人陆深,声名远扬的上海市浦东新区陆家嘴是他的故乡,因他而得名。

宋代诗人陆游说:"湖边谁谓幽居陋,也爱迢迢夏日长。""长"是夏的关键词,而以夏至为最。北回归线以北,夏至是白昼最长的一天。纬度越高,白昼越长。北极圈更是极昼,二十四小时没有日落,是极其有趣的。"绿树阴浓夏日长,楼台倒影入池塘""清江一曲抱村流,长夏江村事事幽",无论是一身征尘的

◎《蜀葵石榴图》是清代画家邹一桂创作的绢本设色画。图绘蜀葵、石榴各一支,色彩明丽,栩栩如生。取法恽南田,而清润秀逸,别具一格。画中有乾隆御题诗两首,关于石榴的一诗写道:"春芳谢矣夏芳妍,振藻偏宜午砌前。鲛客讶如木槿似,吴人喜并海榴燃。"

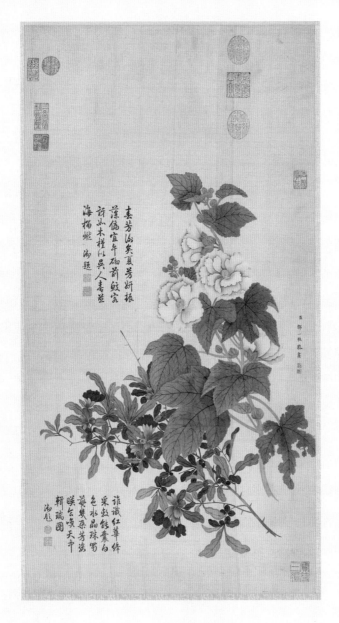

[清]邹一桂《蜀葵石榴图》

大将高骈,还是困顿飘零的诗圣杜甫,都把长夏写得恬静幽美。短暂的宁静,也能慰藉疲惫的心灵。

夏至节气,大地一片深绿。深绿之中,有一种红特别亮眼,那就是石榴花开。唐代文坛领袖韩愈说:"五月榴花照眼明,枝间时见子初成。"所有的花中,能当得起"照"字的,只有榴花。榴花是五月的代表,难怪古人把五月又称为榴月。

常常在夏至节气前后,长江流域会出现长时间连绵降雨,正值梅子成熟的季节,所以叫"梅雨"。梅雨是东亚地区共有的现象,从中国一直延伸到日本。写梅雨的诗词很多,最著名的是南宋诗人赵师秀"黄梅时节家家雨,青草池塘处处蛙"。个别年份,梅雨少雨,甚至无雨,这就是"空梅"现象,南宋诗人曾几的"梅子黄时日日晴,小溪泛尽却山行",写的就是这个现象。绵绵细雨最能触动人的思绪,宋代著名词人贺铸写愁,有"一川烟草,满城风絮,梅子黄时雨"的名句,因为太受人称道了,所以落得了"贺三愁""贺梅子"的美名。

梅雨季节,总是感觉湿漉漉的,有洗不干净的味道。但芒种节气栽种下去的秧苗,正是成长的季节,高温多雨最利于水稻的生长。"民以食为天",点点细雨都是养活我们口粮的。做如是想,上苍是不是安排得恰到好处?而梅雨是不是这个世界最美的风景?

小暑

风光不与四时同

　　小暑，全年的第十一个节气，夏季的第五个节气。"暑"，《说文解字》解释为"热也"。但暑和热还是有区别的。《释名》进一步解释为"煮也"。古人总结道："暑近湿如蒸，热近燥如烘。"大意就是，热是干热，暑是湿热。这日子，先是烘烤，后是蒸煮。老天爷把各种烹调方式都给你用上了，你说难受不？别叫苦！《月令七十二候集解》说："就热之中分为大小……今则热气犹小也。"意思是说，现在还只是小暑，更难受的大暑还在后面龇牙咧嘴地等着你呢。

　　每个节气都分三候。小暑节气第一候，"温风至"。温风，就是热风。明初政治家刘基有"江上火云蒸热风"的句子。风本来应该是凉的、冷的、寒的，但这个时候，偏偏是热的。"至"是极致的意思，热风到了极致。第二候，"蟋蟀居壁"。蟋蟀已经感受到自然的肃杀之气，蛰伏在洞穴的墙壁上，为七月飞赴田野做准备。昆虫千千万万,蟋蟀,又名促织,是诗词中的宠儿,与之媲美的大概只有蝉。《诗经》中就有"蟋蟀在堂"的篇章。第三候,"鹰始击"。"鹰击长空,鱼翔浅底,万类霜天竞自由",那是秋天最动人的风景。小暑时节,苍鹰开始练习搏击。动物对大自然的感知,总比人类要敏感许多。

俗话说,"热在三伏"。古人用天干搭配地支,周而复始地纪日、纪年,"庚"是十天干之一,每隔十天出现一个庚日。夏至后的第三个庚日入初伏,第四个庚日入中伏,立秋后第一个庚日入末伏。初伏和末伏都是固定的十天,中伏可能十天,也可能二十天。

"伏"是说阴气受到阳气的压制,潜伏在地下。初伏、中伏都在农历六月,所以农历六月又称"伏月"。在这段时间,"伏"也成了人们避暑最主要的方式。避,是回避的意思。老百姓要干活,"锄禾日当午,汗滴禾下土",没有"伏"和"避"的自由。文人墨客躲在家里,写下"小暑不足畏,深居如退藏""何以销烦暑,端居一院中"这样诗句的,都不是真正的劳苦大众。古人没

◎《荷花鸳鸯图》是明代画家陈洪绶创作的绢本设色画。画中为荷塘一角:芦苇丛生,清波荡漾,一对鸳鸯结伴而游,碧叶红荷相映成趣。画家将荷叶的脉络、荷花的红丝及荷柄之上的细刺都描绘得极其生动,而水波、水草、芦苇只以淡墨数笔勾染而成。笔法虚实结合,使画面呈现一种空灵通透的感觉。

[明]陈洪绶《荷花鸳鸯图》

有空调，不上班，不下车间，但暑热无孔不入，常常也是睡不着的，需要酒来催眠，陆游就以《逃暑小饮熟睡至暮》为题写过诗，仅看标题就很有意思的。除此之外就靠意志。唐朝气温比现在略高，但唐朝是一个意气风发的时代。唐文宗李昂说："人皆苦炎热，我爱夏日长。"五位学士同时续诗，大书法家柳公权的句子"薰风自南来，殿阁生微凉"，皇帝最喜欢，让书法家自己写到墙壁上。好诗配好字，真好。

人类不喜欢暑热，但是大自然不一样。比如稻谷，就需要在这种高温季节抓紧生长，分秒必争，时不我待。明代大科学家徐光启《农政全书》收录了当时的民谚："六月不热，五谷不结。"

农历六月，最美的风景当属荷花。"毕竟西湖六月中，风光不与四时同。接天莲叶无穷碧，映日荷花别样红"，这是杨万里的代表作，也是写西湖最好的诗篇之一。写西湖的诗歌，与之媲美的，还有白居易"最爱湖东行不足，绿杨阴里白沙堤"，以及苏轼"欲把西湖比西子，淡妆浓抹总相宜"。哪里没有山，哪里没有水？是这些大诗人的加持，山水才有了灵魂。诗人自己不富裕，甚至穷困潦倒，却可以赐予后人无穷的精神宝藏。

大暑

万国如在洪炉中

大暑，全年的第十二个节气，夏季的第六个节气。岁月不居，这是农历上半年最后一个节气了。《月令七十二候集解》说："暑，热也。就热之中分为大小，月初为小，月中为大。"从天文学上说，夏至是最夏天，太阳直射北回归线，此后太阳直射点南移。夏至之后一段时间内，地面的热量仍然是收大于支，温度还在上升。从气候学上看，小暑、大暑最热，尤其是大暑，常常气温最高，是体感上的最夏天。"暑"有蒸煮的意思，很多人抱怨这时候就像蒸桑拿，而且要连蒸十五天——大暑，数着日子慢慢熬吧。

每个节气都分三候。大暑节气第一候，"腐草为萤"。从腐草里面开始生出萤火虫，一直到初秋形成高潮。"夕殿下珠帘，流萤飞复息""相逢秋月满，更值夜萤飞""银烛秋光冷画屏，轻罗小扇扑流萤"，都是唯美的诗篇。萤火虫是夏秋之交的精灵，

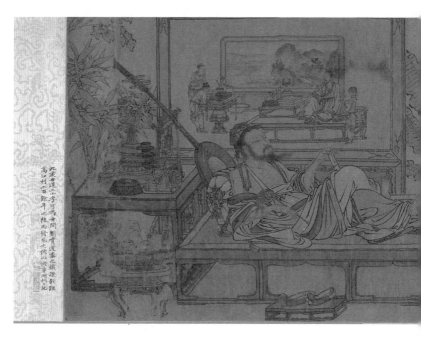

[元]刘贯道《消夏图》

◎《消夏图》是元代画家刘贯道创作的一幅人物画。此图描绘了一个广植芭蕉的庭院内，一位文士赤裸半身，赤足卧于榻上纳凉。他右手持拂尘，左手拈书卷，目视前方，若有所思。现代书画家徐志兴评价此图道："流水行云体态闲，琴书相伴重屏间。蕉风袭袭消暑气，吟过小诗敲竹眠。"

我小时候最爱把它们装进小玻璃瓶，不是为了囊萤映雪，是要看那一小撮蓝莹莹的冷光。第二候，"土润溽"。土壤的水分，经高温而蒸成了湿气。溽是湿的意思。明代政治家于谦有"溽暑随风散，微凉趁雨生"的诗句。第三候，"大雨时行"。春雨柔，夏雨

急,秋雨凉,冬雨寒。真正的急雨、暴雨、狂风骤雨,多出现在夏季。苏轼诗说:"黑云翻墨未遮山,白雨跳珠乱入船。卷地风来忽吹散,望湖楼下水如天。"这就是大暑节气的雨。来势汹汹,去时忽忽,是"大雨时行"的生动写照。

　　大科学家竺可桢研究了中国数千年的气温变化,绘出了著名的"竺可桢曲线"。据他研究,唐比现在气温略高,宋比现在略低。但是,不管唐宋,大暑节气,"苦热"是所有人的共同感受。唐代诗人王毂写道:"日轮当午凝不去,万国如在洪炉中。"洪炉就是大火炉。宋代诗人戴复古说:"天地一大窑,阳炭烹六月。"窑和炉差不多。陆游换了一个比喻,"坐觉蒸炊釜甑中"。釜是锅,甑是蒸饭的桶。天地是一个大蒸锅,每个人都是上了蒸笼的唐僧师徒。唐僧师徒不用担心，凡人就不行了。大文豪苏轼，大英雄郑成功，大清嘉庆皇帝……据说都是因中暑而离世。酷热面前，人人平等。"哪儿凉快哪儿待着去"，绝对是一句体贴的话。

"大暑在家一趴，空调 Wi-Fi 西瓜"，现代人避暑的三大神器，几乎跟古人无关。空调和 Wi-Fi 不说了，西瓜原产非洲，南北朝开始引进，宋元流传开来，但口感不如现在，普通人也吃不到。"锄禾日当午，汗滴禾下土""赤日炎炎似火烧，野田禾稻半枯焦"，真正的劳苦大众更与避暑无缘。在产量低的情况下，耕种面积必须足够大，又全靠人力，农民是没有时间避暑的。尤其是中午，除草最高效，杂草离土即死，农民们更加舍不得休息。我的一个远房表兄，仗着年轻力壮，中午给水稻打农药，结果中毒加中暑，好不容易才从死亡线上被抢救回来。这是我小时候记忆很深的一件事。

大暑节气，江南的采莲开始了，一直延续到秋天。采莲，是采莲子、采莲藕，不是采莲花。莲花开放有早有晚，早开的莲花已经可以采莲子了。采莲是体力活儿，不是现在的休闲经济，更不是为了审美。但是，在岸上的诗人看来，绿叶、红花、青春少女，很美。莲子又谐音"怜子"，就是"爱你"的意思，因而他们笔下的诗歌也都很美。"江南可采莲，莲叶何田田""竹喧归浣女，莲动下渔舟""荷叶罗裙一色裁，芙蓉向脸两边开""无端隔水抛莲子，遥被人知半日羞"……劳动与收获是联系在一起的，如果再跟爱情、跟对生活的美好想象相叠加，幸福感就油然而生。

立秋

阶前梧叶已秋声

立秋，全年的第十三个节气，秋季的第一个节气。从立秋开始，农历进入了下半年。时光如此冷峻，片刻也不会停留。"秋"，《说文解字》解释："禾谷熟也。"农作物成熟了。立，"建始"，不同于一般的开始，是能让人清楚地看得见了。季节的变化是连绵不断的过程。古人认为，没有绝对的阳，也没有绝对的阴。夏至最阳，阴气滋生；冬至最阴，阳气滋生。阴阳转换，是一个此消彼长、量变产生质变的过程。在这个渐变的过程中，立春、立夏、立秋、立冬，并称"四立"，都是季节的开启，是二十四节气中的转折点。

每个节气都分三候。立秋节气第一候，"凉风至"。《月令七十二候集解》说，"西方凄清之风曰凉风"。春吹东风，夏吹南风，秋吹西风，冬吹北风，古人注意到，四季与时间和空间是联系在一起的。虽然并没有出伏，立秋之后还有"秋老虎"，但早

[明]仇英《赤壁图》

◎《赤壁图》是明代绘画大师仇英以北宋文学家苏轼的《赤壁赋》原意为母体创作的纸本画。画面中,远处的悬崖峭壁呈斜向延伸,山崖上杂木丛生,古柏苍劲,衬托出了赤壁的险峻形势;近处落寞空荡的江面上,一叶小舟缓缓前行,东坡先生与好友在舟上饮酒作诗,酣畅淋漓,呈现了一种静谧辽阔、一派平和的气氛。

晚的凉风已经悄悄地来了。《诗经》说"七月流火",傍晚时大火星西沉,是天气转凉的标志,"流火"不是指天气太热,很多人误解了这句诗。诗人刘翰《立秋》写道:"乳鸦啼散玉屏空,一枕新凉一扇风。"经历了大暑的酷热,凉风总是让人舒适的。第二候,"白露降",白露就是夜空中出现的白茫茫的云气。诗僧仲

殊"白露收残月,清风散晓霞",写的应当就是此景。苏轼立秋后夜游赤壁,目之所及"白露横江,水光接天",《赤壁赋》是中国文学最好的篇章之一。第三候,"寒蝉鸣"。寒蝉,一种体形较小的蝉,夏末秋初鸣叫。古诗词中,蝉餐风饮露,是高洁的象征。而秋天的寒蝉,则表示悲戚,多用于离别的感伤。柳永代表作《雨霖铃》开篇"寒蝉凄切,对长亭晚,骤雨初歇",有效地烘托了离别的氛围。

秋也叫"金秋"。金秋,不是指金色的秋天,这种理解,纯属望文生义。中国古代用"五行"(金、木、水、火、土)学说来解释世界,解释万物的形成和相互关系。五行中的木对应东方和春季,火对应南方和夏季,金对应西方和秋季,水对应北方和冬季,土对应中央和四季的最后一个月。金秋就是秋,对应了五行中的"金"。成语"金风送爽"中的"金风"也就是"秋风",而不是金色的风。

春为一年之荣的开始,秋为一年之衰的起点,所以"春""秋""春秋"都可以代表一年。歌词上唱"几度风雨,几度春秋"。千秋万世、千秋万代、千秋万岁,都表示年岁很多的意思。"一日不见,如隔三秋",孟秋、仲秋、季秋,合称"三秋",就是一个秋天代表一年,这已经够夸张了。但后人更加夸张,说"三秋"是三年,也讲得通。"秋"也特指某一时期、某一时刻,诸葛亮《出师表》说:"此诚危急存亡之秋也。"表明自己是临危受命。还有一个成语叫"多事之秋",不是什么好话。

据说女子多伤春,因为春天易逝;男人多悲秋,到了秋天才发现自己空有雄心壮志但一事无成。写秋天的诗歌,多半低沉萧瑟,但也有例外:"自古逢秋悲寂寥,我言秋日胜春朝。晴空一鹤排云上,便引诗情到碧霄。"唐代诗人刘禹锡,是政坛、诗坛打不死的"小强",只有他才能写出这么昂扬的诗句。

如果要找夏天的标志,首先就是荷花;如果要找秋天的代表,首先就是梧叶。梧桐叶子脆弱、敏感,最能感受秋天的到来,古人说"一叶落而知天下秋",就是专指梧桐树叶。"梧叶飘黄""梧叶舞秋风""只有一枝梧叶,不知多少秋声""睡起秋声无觅处,满阶梧叶月明中"……朱熹说"未觉池塘春草梦,阶前梧叶已秋声",勤奋的人总是觉得时光易逝,所以最能珍惜,于是时光也能赐予他们最丰厚的回报。

处暑 却道天凉好个秋

　　处暑,全年的第十四个节气,秋季的第二个节气。处(chǔ),《说文解字》解释:"止也。"有人解释为"出",是不准确的,虽然读音近似。暑,热的意思,尤其是湿热。《月令七十二候集解》说:"暑气至此而止矣。"形象一点说,就是老天爷这个工程师把热气断供了。"暑"和"寒"相对,是气温的两极。一年四季的温度,说到底都是二者配比的不同罢了,如此看来,老天爷还是个化学家。《千字文》说"寒来暑往,秋收冬藏",西晋文学家陆机说"四运循环转,寒暑自相承",都是讲大自然四季循环,周而复始,生生不息。

　　每个节气都分三候。处暑节气第一候,"鹰乃祭鸟"。鹰感受到大自然的肃杀之气,开始大规模地捕捉飞鸟补充能量。鹰在捕杀之后把猎物整整齐齐放在前面,仿佛先要祭祀一番。古人认为鹰是"义禽",据说鹰不捕杀正在哺育幼鸟的鸟儿。所谓

"义",这是把人类的伦理观投射到大自然身上。鹰处在食物链顶端,不能无差别地捕杀一切,这样才有源源不断的食物,这是大自然的选择。"草枯鹰眼疾,雪尽马蹄轻""鹰击长空,鱼翔浅底,万类霜天竞自由",写鹰的诗词都充满了力量。第二候,"天地始肃"。阴气上升,天地开始肃杀起来。宋代大政治家王安石有"登临送目,正故国晚秋,天气初肃"的名句,写的是晚秋,比中原的秋天略晚。王安石很少写词,甚至有人怀疑他善于写文和诗,不擅长写词。这首《桂枝香·金陵怀古》让大家叹服,苏轼评价道"此老乃野狐精也",意思是他千变万化、无所不能。这首词慷慨悲凉,扭转了词坛纤细香软的词风,为豪放派开启了先声。第三候,"禾乃登"。禾是农作物的统称,"登"是成熟的意思,成语"五谷丰登"是农耕民族最大的祝福。我小时候,父亲给人家写春联,总喜欢用"人寿年丰""五谷丰登"这些做横批。"十里西畴熟稻香,槿花篱落竹丝长""笑歌声里轻雷动,一夜连枷响到明"……这是范成大写秋收的诗,跟我儿时所在的那个皖西南小山村十分相似。四十年来,每年秋收的喜悦情景,一直刻画在我的脑海里。

古人认为,秋天在"五行"(金、木、水、火、土)中属"金",金气肃杀,处暑三候,都跟肃杀联系在一起。古代有一个刑罚制度叫"秋后问斩",就跟这个有关。古人认为人要顺应自然而不能悖逆自然,春夏是万物生长的季节,人类也不能杀戮,只能奖赏;秋冬有肃杀之气,所以要把犯人关到秋天之后才处决。因为不是"斩立决",也给了很多人申诉乃至翻案的机会。古代

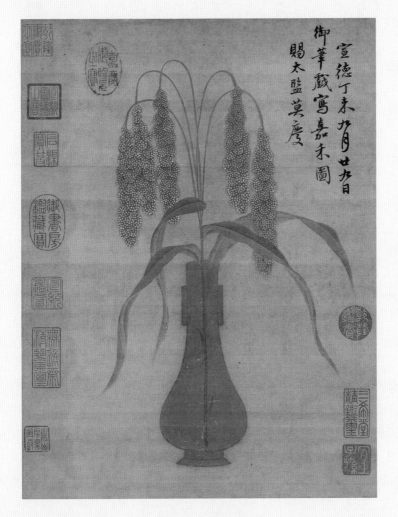

宣德丁未九月廿九日御笔戏写嘉禾图赐太监莫庆

[明]朱瞻基《宣宗嘉禾图》

◎朱瞻基,明朝第五位皇帝、书画家,年号"宣德"。其所作"山水人物、花竹草虫,随意所至,皆极精妙"。《宣宗嘉禾图》是其创作的一幅绢本设色画,画面中禾穗饱满,寓意丰收。

科举考试中有一个环节叫"乡试",常常在八月举行,所以叫"秋闱"——有人说,这也相当于审判。中榜落榜之间是霄壤之别,范进中举,就是最生动的例证。

处暑节气可以用"一出一入"来理解。"一出"是出伏,"一入"是入秋。对于苦于酷暑的人们来说,立秋节气给人以希望,给人以精神的寄托,但是"秋老虎"依然咄咄逼人,一点儿也不让人好受。直到处暑节气,才送来了第一份真正的清凉。宋代词人辛弃疾有名句"却道天凉好个秋",虽然意思是说人到中年才知道愁苦,但凉毕竟是让人舒适的、愉悦的,"黄莺也爱新凉好,飞过青山影里啼""蝉声未用催残日,最爱新凉满袖时"……秋高气爽,从处暑才真正开始。如果秋天是大自然的一场华丽的演出,那么处暑才真正揭开了这场大戏的序幕:我们所期盼的、真正的、无比美好的秋天到来了。

白露 不知秋思落谁家

白露，全年的第十五个节气，秋季的第三个节气。露，《说文解字》解释为"润泽也"。《说文解字注》说："露者，阴之液也。"古人认为，四季阴阳轮回，从夏至开始，阳气开始减弱，到了白露节气，草木上已经有"露"水，原本潜藏的阴气也已经"露"了出来。《月令七十二候集解》说："秋属金，金色白，阴气渐重，露凝而白也。"因此，白露节气的"白"，不仅仅是颜色的"白"，还暗含四季的秋、四方中的西方、五行中的"金"。大家都知道"白露"这个名字很美，很有诗意，但不一定知道，简简单单的两个字，还有这么多的含义。"名不正则言不顺"，古人取名是高度慎重的，何况是给永恒的时间命名。

每个节气都分三候。白露节气，二候都是鸟，有特指，也有群像。第一候，"鸿雁来"。鸿雁都是雁，但鸿大雁小，细分还是有所不同的。雁是候鸟，在北方生儿育女，那是它们的故乡。它

[明]项圣谟《画芦雁》

们到南方过冬,叫"来"。大雁一生只有一个伴侣,元好问曾为殉情的大雁写下了"问世间,情为何物?直教生死相许"的词句,感动了无数有情人。"千里黄云白日曛,北风吹雁雪纷纷""塞下秋来风景异,衡阳雁去无留意",雁是古诗词中的贵族。第二候,"元鸟归",元鸟就是燕子。燕子也是候鸟,南方也是它们生儿育女的地方,所以叫"归",一直待到第二年的春末夏初。"落花人独立,微雨燕双飞""几处早莺争暖树,谁家新燕啄春泥""无可奈何花落去,似曾相识燕归来",燕子是诗词中的小家碧玉。第三候,"群鸟养羞"。羞,通"馐",食物的意思。"金樽清酒斗十千,玉盘珍羞直万钱",李白写吃吃喝喝的诗,都如此有气势,让人佩服。"民以食为天",动物何尝不是如此?到了白露节气,鸟也要储存过冬的食物了,这就是"养羞"。

立春、立夏、立秋、立冬,节气中每一个"立"都是转折点。立秋之后,到了白露这个节气,繁花似锦的春天、烈火烹油的夏天,就开始让位于秋天的萧瑟和冬天的寒冷。写白露的诗,都透着一股凉意。杜甫的"露从今夜白,月是故乡明",是写白露最动人的诗篇,其动人之处是把白露的凉意与故乡的暖意写到

◎《画芦雁》是明代项圣谟创作的一幅纸本水墨画。画家以淡淡墨笔勾勒出远山阔水,雁侣芦花。江天空旷之中,群雁就宿,或低回,或高翔。画作笔法秀逸,整体上给人以萧瑟肃穆之感。画中作者自题:"不知回雁峰,相去几多远。一行千万行,渐渐来何晚。"

了一起。只要没有空气污染，月亮其实在哪里都是一样明的，但每一个人都觉得是自己故乡的月亮更明亮、更好看，这显然是感情的因素在起作用。

白露、秋分前后，有一个很重要的节日，就是中秋节。在中华民族传统节日中，过年是最大的节日，由腊八、小年、除夕、春节、人日、元宵节等组成。除了过年之外，中秋大概是最重要的节日了。西方人不怎么待见月亮，中国人却对天上那轮明月充满了感情，赋予了最美好的想象和寄托，写下了无数动人的诗篇，构成了中国文学最璀璨、最感人的篇章。"海上生明月，天涯共此时""明月何时有，把酒问青天""今夜月明人尽望，不知秋思落谁家""似此星辰非昨夜，为谁风露立中宵"……赋予了中秋无限的诗意。还有月饼，童年时最爱那份甜、那份油、那份香。写到此时，承蒙友人送来杏花楼的开炉月饼，大家分而食之。在疫情之后，有了一种非同寻常的寓意。

黄河、长江流域，一年大部分时间都有露。"青青园中葵，朝露待日晞"，是春天的露；"荷风送香气，竹露滴清响"，是夏天的露；"露重飞难进，风多响易沉"，是秋天的露……所有的露，都是那么的脆弱和短暂。"譬如朝露，去日苦多""一岁露从今夜白，百年眼对老天青"，倏忽之间，一年已经过了大半。岁月如此不能挽留，能挽留的只有我们自己的心境。

秋分

我言秋日胜春朝

　　秋分,全年的第十六个节气,秋季的第四个节气。《月令七十二候集解》说:"分者,半也。此当九十日之半,故谓之分……正阴阳适中,故昼夜无长短。"在二十四节气中,春分、秋分是一对,都是太阳直射赤道。这两个节气都平分了季节,平分了阴阳,平分了昼夜,平分了寒暑。古人用"分"来命名,那是千金不易的。从平分了秋季这个意义来说,秋分才是真正的"中秋"——事实上最早的中秋节确实是在秋分。但节气是阳历,如果把阳历的秋分当中秋节,圆月就不能保证了。有些年份的秋分接近农历月末,只有一点点残月。所以,后来中秋节就移到了农历八月十五,保证了天上的那轮圆月,也才有了"海上生明月,天涯共此时"的无限诗意。

　　与秋分、春分密切相关的一对节气是冬至、夏至,二者统称"至"。至,最、极致的意思,太阳分别直射南回归线和北回归线,这是太阳直射点所能达到的极致。这四个节气合称"两至两分",是最早发现的节气,也是二十四节气的骨架,一年四季就是这样周而复始,一刻也不曾停留。

每个节气都分三候。秋分节气第一候,"雷始收声"。雷在春分节气感阳气发声,到秋分节气感阴气收声。到了冬天,打雷就很罕见了,"冬雷震震,夏雨雪",用来赌咒发誓,表示不可能的事情。第二候,"蛰虫坯户",就是虫子开始用细泥在地底下提前筑巢过冬。"坯"是细泥。"游豚吹浪江风恶,穴蚁坯封山雨深",在漫长的优胜劣汰中,未雨绸缪是每个能存留下来的物种都具有的本能。第三候,"水始涸"。降雨减少,小型河道开始干涸。《庄子》有枯鱼涸辙的故事,比喻陷入困境。李白"涸辙思流水,浮云失旧居"的诗句,就源自这个典故。

节气和农耕的联系最为密切。节气的发明指导了农耕,农耕又验证、完善、传播了节气科学。如果说芒种凝聚了播种的辛劳,那秋分就见证了丰收的喜悦。"春种一粒粟,秋收万颗子"的时刻到了!那黄澄澄的稻子、麦子、玉米,是这个民族瓜瓞绵绵、生生不息的保障。"太平气象君知否,尽在丰年笑语中""莫笑农家腊酒浑,丰年留客足鸡豚"……一个"丰"字全是喜悦。刘禹锡说:"自古逢秋悲寂寥,我言秋日胜春朝。"秋日之胜于春天,大概也因为丰收吧。范成大生动地记载了千年前的收获场景:"笑歌声里轻雷动,一夜连枷响到明。""连枷",一种打麦子、打豆子的竹制工具,我老家皖西南山区至今仍在使用。黄梅戏是我们家乡的地方戏,我最喜欢《牛郎织女》这段唱

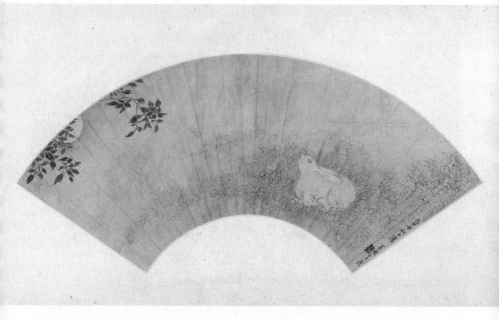

[清]李世倬《桂花月兔图》

◎《桂花月兔图》为清代李世倬绘，具有鲜明的中秋特色。白兔是画面的主体，通过其仰视的目光，可见左上角被桂树枝叶遮掩的半个月亮。画家巧妙地以兔、月、桂树三种物象构图，不仅生动地点明了中秋时节，且极易让人联想起嫦娥奔月、吴刚伐桂、玉兔捣药等美丽的民间传说，传递出中秋节的民俗文化，可谓独具匠心。

腔:"架上累累悬瓜果,风吹稻海荡金波。夜静犹闻人笑语,到底人间欢乐多。"现在,国家设立了中国农民丰收节,就是秋分这天。这个节日真的是民心所向。

白露、秋分都是农历八月的节气,"八月桂花遍地开",桂花是这个季节的主角。满树星星点点的桂花,或金黄或淡黄,不大而美,却小而香,让人如痴如醉——连不喜欢步行的我,也忍不住要遛几个弯儿,不是为了健身,是为了桂花的香味。"何须浅碧深红色,自是花中第一流",宋代第一才女李清照如此总结。百花之中,桂花是唯一兼具高贵、雅致、含蓄等特质的花。"三秋桂子,十里荷花""桂子月中落,天香云外飘""中庭地白树栖鸦,冷露无声湿桂花"……因为嫦娥奔月的美丽故事,写桂花的诗词,较之其他的花有更多的空灵和浪漫。同是宋代的大才女,朱淑真写道:"一支淡贮书窗下,人与花心各自香。"不论是人香、书香,还是花香,都是这个世界最美好的气息。

秋分前后,有一个重要的节日——重阳节。中国人认为,"九"是最大的阳数,"九月初九"是两个阳数,就是重阳。重阳有登高、赏菊、插茱萸的习俗,"独在异乡为异客,每逢佳节倍思亲"。重阳现在是敬老节,对老人的关心程度,体现着一个国家文明的水准。在丰收的日子里,扶老携幼,晴日赏菊,月夜闻桂——生活真的是如此美好,这才是人间值得。

寒露

玉露凋伤枫树林

寒露,全年的第十七个节气,秋季的第五个节气。《月令七十二候集解》说:"九月节,露气寒冷,将凝结也。"老天爷是伟大的化学家,通过热和寒的不同配比,来实现四季的更替。虽然这个过程是渐变的,但渐变到了一定的节点,就会出现相对明显的转换。处暑是从热到凉的转换,寒露则是从凉到寒的转换。古人通过对太阳高度的观察,结合对大地气候、物候的总结,为连绵不断的"时"找到了"间",从而形成了系统的时间科学,给生产生活建立了坐标系。

每个节气都分三候。寒露节气第一候,"鸿雁来宾"。就是鸿雁大举南迁,鸿雁的故乡在北方,到南方属于"宾"。"月黑雁飞高,单于夜遁逃""乡书何处达?归雁洛阳边""塞下秋来风景异,衡阳雁去无留意""云中谁寄锦书来,雁字回时,月满西楼"……雁是古诗文中仁、义、礼、智、信的象征。第二候,"雀入大水为蛤"。雀鸟不见了,海边出现很多蛤蜊,因其条纹、颜色与雀鸟相似,古人便以为是雀鸟变的。蛤蜊自古以来就是下酒的美食,唐代诗人皮日休说:"何事晚来还欲饮,隔墙闻卖蛤蜊声。"第三候,"菊有黄华",此时菊花已经开放。

"玉露凋伤枫树林,巫山巫峡气萧森",岂止巫山巫峡,整个中原大地都从寒露节气开始走向萧瑟。寒露时昼短夜长,季节已经进入深秋了。但是每个节气都有自己的美。寒露节气,最美的主角当属菊花,赏菊是此时爱花者的主旋律。我们赏菊,看到的颜色有很多,但从诗词来看,早期的菊花都是黄色的。"黄花"是菊花的代名词。《礼记》记载:"季秋之月……鞠(菊)有黄华";李清照"莫道不销魂,帘卷西风,人比黄花瘦";徐渭"东篱蝴蝶闲来往,看写黄花过一秋";毛泽东"岁岁重阳,今又重阳,战地黄花分外香"……这些"黄花"不是泛指所有黄颜色的花,而是特指菊花。

菊花是百花之末,标志着四季的谢幕,所以元稹说"不是花中偏爱菊, 此花开尽更无花"。菊花是古诗词中被吟诵得最多的花,能与之相比的大概只有百花之首的梅花。世上的花何止千万,但绝大多数开放在和煦的春日里,所谓"近水楼台先得月,向阳花木易为春"。毕竟阳光和水分是所有植物的生命源泉。相比之下,梅花和菊花,百花中一首一尾,在缺温度、缺雨水、缺阳光的季节开放,真的有些苦哈哈的味道——但这种苦,在有节操的人看来,就是不随波,不逐流,不从众,不媚俗,是傲霜斗雪,是孤芳自赏,是独善其身——因而都跟君子之风

[清]石涛《陶渊明诗意图》

◎《陶渊明诗意图》是清代石涛据东晋著名诗人陶渊明的诗句创作的纸本设色画册,此图为第二帧《悠然见南山》。画中篱笆院中菊花盛开,一高士手持菊花观赏,其悠然之态跃然纸上,正合陶诗"采菊东篱下,悠然见南山"之意。

联系在一起。

屈原"朝饮木兰之坠露兮,夕餐秋菊之落英",陶渊明"采菊东篱下,悠然见南山",确定了菊花隐逸、高洁、具有君子之风的意境。还有一位写菊花同样著名,那就是把国富民丰的大唐推向穷途末路的黄巢。他在科举一再落第之后,写下了两首诗。一首有改天换地的寓意："飒飒西风满院栽,蕊寒香冷蝶难来。他年我若为青帝,报与桃花一处开。"另一首则是杀气腾腾的:"待到秋来九月八,我花开后百花杀。冲天香阵透长安,满城尽带黄金甲。"电影《满城尽带黄金甲》很好地演绎了那种血流成河的残酷。

与菊花相比,还有一种物什,更能慰藉我这样悲秋者的心灵,那就是"无肠公子"螃蟹。现在螃蟹上市越来越早,但真正成熟的、好的螃蟹,是在寒露节气。"何妨夜压黄花酒,笑擘霜螯紫蟹肥",中国诗人写吃是含蓄的,可是写吃螃蟹的诗歌,那叫一个酣畅淋漓。都夸第一个吃螃蟹的人勇敢,对勇敢的中国人来说,吃螃蟹都几千年了。

霜降

霜叶红于二月花

　　霜降,全年的第十八个节气,秋季的最后一个节气。《月令七十二候集解》说:"气肃而凝露结为霜矣。"《诗经》有"蒹葭苍苍,白露为霜"的名句。随着气温下降,空气中无形无色的水汽,先是凝结成肉眼可见的白露,继而变成肉体可感的寒露,终于化为叫"霜"的白色结晶体。霜,有肃杀之意,《汉书》"霜者,天之所以杀也"。

　　每个节气都分三候。霜降节气第一候,"豺祭兽"。豺狼大量捕获猎物,吃不完的放在那里,就像在"祭兽"。豺与狼、狗都是犬科动物。但豺更神秘,传说中也更残忍。豺狼虎豹,个头最小的豺居了首位。"所守或匪亲,化为狼与豺""流血涂野草,豺狼尽冠缨",都是乱世的象征。我们生活在太平盛世,这种场景永远不见也罢。第二候,"草木黄落"。"秋风萧瑟天气凉,草木摇落露为霜",这是曹丕的诗歌。与《三国演义》对曹氏父子的

[明]唐寅《溪山渔隐图》

◎《溪山渔隐图》是明代画家唐寅创作的一幅绢本设色水墨画。画中之景，山石耸立，杂林疏朗，渔舍水榭坐落于霜叶红枫之中，小舟船艇穿行在岸石掩映之间，极富有情趣。画中之人，或垂纶放钓，促膝对酌，或策杖闲步，十分悠闲。画作笔法古劲，设色明艳，具有很高的艺术价值。

描写不同，"三曹"（曹操、曹丕、曹植）的诗歌，慷慨悲壮、雄健深沉。"诗言志"，从他们的诗歌里，我读到了"人间一股英雄气，在纵横驰骋"——这是电视剧《三国演义》片尾曲的最后一句歌词。第三候，"蛰虫咸俯"，蛰伏在土里面的虫子趴下不再进食。"岁寒昆虫蛰，日暮飞鸟还"，不仅仅是人，万物生存都很不易，这种状态要横跨一个冬天，再次唤醒它们，需要来年惊蛰节气的那一声春雷。

霜是大自然的魔法师。它最成功的作品是二红——红果和红叶。先说红果，就是红彤彤的柿子——红是很多水果成熟的

标志，但几乎没有什么水果颜色比柿子更红的了。霜降吃柿子，是许多地方的习俗。据说，柿子的营养很丰富，吃了养肺、清热、润燥、不感冒……我对这些不是很清楚。但是我知道，万物应时而动，当季的蔬菜、当季的水果，总是最好的。"沙鸥径去鱼儿饱，野鸟相呼柿子红"，柿子是鸟的最爱，也是我的最爱——从不嘴馋的我，秋天总是要买上几回柿子。如果我有一块田地，第一个想种的果树就是柿子树，最想看的是深秋树叶落尽，红红的柿子像灯笼一样高高地挂在枝头。

与柿子相比，红叶更是寒露节气的主角。夏日里，叶片中叶绿素含量高，鲜亮的绿色盖过了红色和黄色。随着霜降到来，白昼缩短，气温下降，叶绿素大量分解，一些树叶就变红了。不是每种树叶都变红的，我们常见的红叶主要是枫树、槭树、黄栌和乌桕。赏红叶的地方有很多。北京的香山红叶名气大，多年前我去过一次，天气灰蒙蒙的，很是影响观赏效果。安徽的塔川红叶是后起之秀，皖南山清水秀，塔川红叶与田野、人家融成一片，特别有人间气。湖南的岳麓红叶很美，可惜我几次去的都不是时候，只看到刻有"停车坐爱枫林晚，霜叶红于二月花"的诗碑和由此得名的"爱晚亭"，但我每次都疑惑，杜牧诗歌写的是不是此处。印象最深的红叶还属英国的温德米尔湖，那年我去的时候正是深秋。纯净的天空，湛蓝的湖水，连绵的红叶，绮丽壮观，让我大饱眼福，简直不输世界上任何一处美景。正所谓"读万卷书，行万里路"，我曾告诉女儿，有志者志在四方，不仅仅是中国，到处都是"山河好大"，到处都有"大好河山"。

　　写红叶的诗歌，都带有一种纯净。同样是美，秋叶的纯粹与春花的鲜艳形成了不同的对照。"春山何似秋山好，红叶青山锁白云""山明水净夜来霜，数树深红出浅黄""劳歌一曲解行舟，红叶青山水急流""隔断红尘三十里，白云红叶两悠悠""晓来谁染霜林醉？总是离人泪""看万山红遍，层林尽染；漫江碧透，百舸争流"……多美啊，一首比一首美。是的，那斑斓的红叶，奏响了秋天最美的音符。

立冬

一年好景君须记

　　立冬，全年的第十九个节气，冬季的第一个节气。立，建始也。与一般的开始不同的是，建始就像建筑物露出地表，让人看得见了。冬，《说文解字》解释为"四时尽也"。《月令七十二候集解》说："冬，终也，万物收藏也。"从立冬开始，一年要结束了。如果把一年比喻成花朵，从孕育，到绽放、盛开、枯萎、凋谢……冬天就是凋谢的季节。人生也是这样一个过程。立冬，与立春、立夏、立秋并称"四立"，都是表明一个季节的开始。它们与"两至"（夏至、冬至）、"两分"（春分、秋分），合称"八节"。口语中常说"四时八节"，四时是春、夏、秋、冬，八节就是这八个节气，都是一年中的转折点，或者说是重要的节点。

　　每个节气都分三候，每候约五天。立冬节气第一候，"水始冰"，这时候的冰还很薄，还不能行走，所以要特别小心，这就是成语"如履薄冰"的由来。绝大多数液体变成固体，体积会缩小，但是水变为冰，体积会增大。水变成冰的过程，困扰了许多科学家。诗人是幸福的，不用困扰什么，只要感受大自然变迁带来的惊喜："坐听一篙珠玉碎，不知湖面已成冰。"第二候，"地始冻"。中原大地开始冻了。水结冰比大地受冻更早，因为地气更容易保留余温。"履霜知地冻，赏雪念民寒"——写下如此忧国忧民诗句的是昏庸荒淫的宋度宗，他把偏安一隅的南宋送上了穷途末路。可见，说和做是两回事。第三候，"雉入大水为蜃"。雉是野鸡，蜃是大蛤蜊。野鸡怎么能变成水里面的大蛤蜊呢？二者虽然花纹相似，但明显不是同一物种。古人那么善于观察世界，为什么会相信这种转化，一定有着我们不曾明了的逻辑。或许只是说，野鸡少了，大蛤蜊多了。"月下飞天镜，云生结海楼"，海楼就是海市蜃楼，古人认为海市蜃楼是大蛤蜊吐气所形成的楼阁，因此有"蜃气为楼阁，蛙声作管弦"的诗句。《长恨歌》说"忽闻海上有仙山，山在虚无缥缈间"，亦真亦幻，或许写的就是海市蜃楼。

关于立冬时节的景致，写得最好的当数苏轼《赠刘景文》："荷尽已无擎雨盖，菊残犹有傲霜枝。一年好景君须记，最是橙黄橘绿时。"这首诗还有一个题目叫《冬景》，写了几个景致，荷尽、菊残，只有橙黄、橘绿最亮眼。每个季节都有自己的代言物种，一般人都推荐春桃、夏荷、秋菊、冬梅。但是，梅花一般不能吃，作为吃货的苏轼推荐的是"橙"和"橘"，都是柑橘类的果实，很合我的心意。苏轼喜欢柑橘，写了诗，也写了词，数量超过了写荔枝。在他那个时代，水果种类不及现在琳琅满目，冬

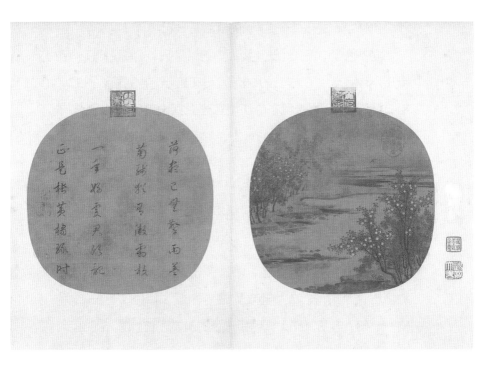

[宋]赵令穰《橙黄橘绿图》

◎《橙黄橘绿图》是宋代画家赵令穰创作的一幅设色扇面山水中国画。画作以平远法构图,近景橙橘并植,黄橙绿橘,如点点繁星;远景流水潺湲,雾色苍茫;中有二三水鸟,自在地悠游于汀渚之间。尽显苏轼"一年好景君须记,最是橙黄橘绿时"之诗意。

天能吃到橘子,幸福指数一定很高。苏轼写橘子的诗,我最喜欢"吴姬三日手犹香"这句,这手是因为剥皮时沾了橘子皮的香味所致。其他水果的皮,大多是废弃物。橘子的皮却可制成一味著名的中药,叫"陈皮"。而现在流行的小青柑,说到底就是茶叶外面包裹了一层橘子皮,正确的饮法是一起泡。

立冬时节,中原还没有到大雪纷飞的时候,温暖的江南甚至还不像冬天。白居易的《早冬》写在杭州,距今差不多1200年,其景致也适用于现在的江南:"十月江南天气好,可怜冬景似春华。""可怜"是可爱的意思,与"可怜九月初三夜"中的"可怜"是同一个意思。此时甚至有樱花零星地开放,不是季节扰乱了樱花,也不是樱花开乱了季节,冬景仿佛春景,是因为江南本来就是可以钟情于世间万物的好地方。

《千字文》说,"寒来暑往,秋收冬藏"。冬天的关键词是"藏"。要藏好食物越冬,这是连小松鼠都知道的事情,人类自然更加懂得这个道理。人类还要贮藏好阳气和体力,乃至一定的肉——冬天容易长膘,就健康来说,有适当的膘并不是坏事。冬天,我不减肥——这么艰巨的任务,让我们相约在明年。

小雪 疑是林花昨夜开

　　小雪,全年的第二十个节气,冬季的第二个节气。雪,《说文解字》解释为:"凝雨说物者。""凝雨"容易理解,雪是雨凝结而成。难以理解的是"说"。有人解释为"悦",冻死土地里的虫害,为土壤储备水分,所以它能取悦于万物;有人解释为"脱",让枯叶脱落。都有道理。《月令七十二候集解》说:"雨下而为寒气所薄,故凝而为雪,小者未盛之辞。"意思是说,雨为寒气所逼,变成雪,还不够盛大,所以是小雪。

　　每个节气都分三候。小雪节气第一候,"虹藏不见(读 xiàn)"。古人认为,虹是阴阳二气相交且阳气占据上风的时候才出现,所以在季春(农历三月)产生,到孟冬(农历十月)消失。虹像天上的拱桥,所以人们也常把地上的拱桥比作天上的虹。"两水夹明镜,双桥落彩虹",当年李白在宣州看到的两座拱桥是何等的美丽! 宣州老同学李维福告诉我,两水犹存,双桥正在修

［五代］赵干《江行初雪图》（局部）

◎《江行初雪图》是五代时期画家赵干创作的一幅绢本水墨设色画作。全卷描绘的是长江沿岸渔村初雪的情景：初雪降落，天地一片银白，寒风萧瑟中，渔人凌寒捕鱼，骑驴者瑟缩前进。画作表现出了江南初冬时节渔民和旅行者的生活情况，反映出了南唐绘画艺术上平民化的艺术风尚。明代评论家张丑评价此画："通卷洒粉作雪，轻盈飞舞，足称前无古人。"

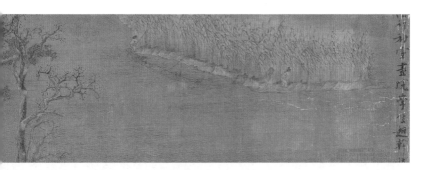

复,将展现出更为动人的时代丰姿。中国所有的机场中,虹桥机场这个名字最贴切,也最有诗意。第二候,"天气上升,地气下降"。意思是说,天空中的阳气上升、地中的阴气下降,导致天地不通、阴阳不交,万物失去生机。"气"是中国哲学中最重要的概念之一,是构成宇宙万物的本原或本体,它推动着宇宙万物的发展与变化,也是人体生命的体现。有无生气,是一个季节、一个人也是一个国家、一个民族的根本,所以晚清的龚自珍才写了"九州生气恃风雷,万马齐喑究可哀"的名句。三候,"闭塞而成冬"。阳气和阴气不相交,天地闭塞而转入严寒的冬天,这就是"朔风烈烈吹繁霜,天地闭塞阳气藏"所描写的景象。用五行、阴阳、气来解释自然界的周而复始、循环往复,是中国古人的哲学观。

　　雪是大自然的精灵。如果说世界上有什么东西是绚烂至极而归于平淡的话,那就是雪。不用放大镜,更无须显微镜,伸手接住飘下来的雪花,肉眼就可以看清每片雪花都是一幅极其精美的图案。老天爷的剪纸艺术,把繁复、细腻、对称做到了极致,超过了每一个心灵手巧的凡人。大自然是如何做到这样的鬼斧神工呢? 人类一直在模仿,却从未超越。雪花的基本形状都是六角形。所以,"六出飞花"成了雪的代名词,唐末大将高骈——就是在夏天写下"绿树阴浓夏日长,楼台倒影入池塘"的那位,这样描写冬天的初雪:"六出飞花入户时,坐看青竹变琼枝。"出生入死的将军,也是出口成章的诗人,所以说唐朝是一个诗歌的时代。

　　再小的雨也能听到淅淅沥沥的声音,再大的雪也是无声无息的。雪,常在气温渐降的夜晚,不知不觉地来临。"已讶衾枕冷,复见窗户明。夜深知雪重,时闻折竹声",白居易是通过枕头变冷、窗户变亮、竹子的折断声,才感受到夜间的雪。冬日清晨,白茫茫的一片,总是能给人以惊喜。唐朝诗人宋之问说,"不知庭霰今朝落,疑是林花昨夜开",说出了很多人的共同感受。

　　古人在雪天做什么呢? 那真的是五花八门,应有尽有。有人钓鱼,"孤舟蓑笠翁,独钓寒江雪";有人幽居,"晓鸡惊树雪,寒鹜守冰池";有人远行,"乱山残雪夜,孤烛异乡人";有人回家,"柴门闻犬吠,风雪夜归人";有人煮茶,"闲来松间坐,看煮松上雪";有人联诗，"一夜北风紧，开门雪尚飘";有人吹管，"雪照山城玉指寒，一声羌管怨楼间";有人唱歌，"坐对韦编灯动壁，高歌夜半雪压庐";有人写诗，"日暮诗成天又雪，与梅并作十分春"……对生机勃勃、精神充盈的人来说，不但不会为雪所困，雪还是各类美好情绪的催化剂。

每到小雪节气，我就想起一首诗，还是白居易："绿蚁新醅酒，红泥小火炉。晚来天欲雪，能饮一杯无？"冬天的气温是寒冷的，但是"能饮一杯无"这千古一问，却十分温暖。一千多年后，我们还能感受到这种温暖。

大雪

燕山雪花大如席

　　大雪，全年第二十一个节气，冬季的第三个节气。继小雪节气之后，天气进一步寒冷，于是雪变大了。《月令七十二候集解》说："大者，盛也。至此而雪盛矣。"科学家说，雪是天空中的水蒸气经凝华而来的固态降水。气候学家又为降雪分了小雪、中雪、大雪和暴雪四个等级。节气中的大雪，并没有严格定量，只是对气温和气候变化趋势的描述。

　　每个节气都分三候。大雪节气，第一候，"鹖鴠不鸣"。鹖鴠，就是传说中的寒号鸟，因为阴冷而不叫了。我小时候，爸爸给我讲过一个故事，这寒号鸟很懒惰，不听喜鹊的劝说，晴天不肯做窝，终于在寒冷的夜晚冻死了。长大后才知道，这个故事，源于元末明初的一个寓言——寒号鸟在盛夏时候，全身五彩斑斓，自己也洋洋得意，自称比凤凰还美。到了严冬，羽毛脱落，就像拔了毛的小肉鸡，自己安慰自己——成语"得过且过"

[清]华嵒《天山积雪图》

◎《天山积雪图》是清代画家华嵒创作的纸本设色画。画中，天山之下，一位身穿红色长袍、腰间藏掖宝剑的旅人，正牵着一头双峰骆驼在雪地上缓缓前行。忽然，孤雁横空，长鸣一声，划破了世界的静寂，人和骆驼皆不由自主地驻足仰望。画面构图狭长，设色雅致，十分考究。

就是这么来的。后来专家又告诉我,寒号鸟不是鸟,而是一种会滑翔的鼠,学名叫复齿鼯鼠。这实在让我大跌眼镜。第二候,"虎始交"。大雪节气,阴气接近极致,但盛极而衰,阳气也在悄悄地萌发,老虎感受到这微弱阳气而开始交配,开启了生命的历程。"虎"向来是勇猛的象征,明代政治家高启说,"猛虎虽猛犹可喜,横行只在深山里",有讽刺"苛政猛于虎"之意。我小时候放牛,"乱插蓬蒿箭满腰,不怕猛虎欺黄犊",其实这时候的大别山已经没有老虎了,只是余威尚在。第三候,"荔挺出",马兰花冒出新芽。荔,学名马蔺,俗称马兰花。"金气棱棱泽国秋,马兰花发满汀洲",那梦幻般的淡紫色,是许多人的最爱。

　　所谓"大雪",就是中原到这个时间节点上开始下大雪了。节气是一个概率性的统计,不是说每年中原都是这个时候准时下大雪。就像长江流域夏季的梅雨,在迟早、多少、长短方面,也是年份各异。在我老家,紧邻中原的大别山区,过去冬天大雪封山是常见的——五十几年前,我就生在大雪节气,一个大雪纷飞的上午。多少年后,家人还跟我饶有兴味地描述那场据说很罕见的大雪。但是,现在老家常常经年不见下一点雪,更不要说大雪封山了。所以,大雪,可能是古今变化最大的一个节气。中原附近尚且如此,身处江南的人们,如今想见到大雪,真比见到日月食、流星雨还要难。公元1632年冬,杭州西湖"大雪三日,湖中人鸟声俱绝"。明朝文学家张岱由此留下了名篇《湖心亭看雪》。这种景象应该当时就少见,现在就更加罕见了。

　　大雪,既冻死了土壤中的病虫害,也为大地储藏了水分,所以对农作物有利。中国人老早就认识到大雪对农耕的好处，因而对雪充满了感情，所谓"瑞雪兆丰年"。丰年很重要，意味着这个世界多数人能填饱肚子。我小时候，爸爸帮邻居写春联，最喜欢写"山清水秀风光好，人寿年丰喜事多"。年丰，才有人寿，才有国泰民安。饥荒常常是社会动荡的原因。农耕社会如此，后工业社会依然如此。到现在，每年的中央一号文件，都是以农业、农村、农民为主题，可见粮食的重要性无以复加。

俗话说，"霜前冷，雪后寒"。进入大雪节气，一年中的酷寒也开始了。这种酷寒，在不同人那里有不同的感受。唐代，特别是初唐和盛唐，人们朝气蓬勃，意气风发。严寒，更能张扬生命的力度。"草枯鹰眼疾，雪尽马蹄轻""欲将轻骑逐，大雪满弓刀""孤舟蓑笠翁，独钓寒江雪""忽如一夜春风来，千树万树梨花开""青海长云暗雪山，孤城遥望玉门关""欲渡黄河冰塞川，将登太行雪满山""千里黄云白日曛，北风吹雁雪纷纷""燕山雪花大如席，片片吹落轩辕台"……充满了乐观主义精神。那是一个乐观的时代，那是一个时代的乐观。

冬至

冬至阳生春又来

冬至，冬季的第四个节气，全年的第二十二个节气，二十四节气中最早被发现，因而也是最重要的节气。与冬至相对应的节气是夏至，两者都可以称为"至日"。冬至、夏至，不是冬天、夏天到来的意思，是"最冬天""最夏天"的意思。这个"最"不是气温，是太阳高度。古人测量太阳和大地的关系，把太阳高度最低、影子最长的那天，定为冬至；把太阳高度最高、影子最短的那天，定为夏至。"至"，是"最""到了极点"的意思，与"至亲至爱""至善至美"的"至"同义。

冬至最阴，夏至最阳。现在，我们都知道了，冬至太阳直射南回归线，夏至太阳直射北回归线，或最南，或最北，都是"至"（最）。物极必反。《国语》说："阳至而阴，阴至而阳。"阴阳辩证统一、阴阳相互转化，在不停地运动中。古人写冬至，多有"一宵天上报阳回""阳气今从地底回""阴伏阳升淑气回"这样的诗句，一个"回"字道出了大自然的此消彼长、循环往复、周而复始。杜甫说："天时人事日相催，冬至阳生春又来。"冬至，是转折，是起点，是阳的新生，是春的开始，最能让人感悟永恒的时间交替。

每个节气都分三候。冬至第一候，"蚯蚓结"，地底下僵死般的蚯蚓感受到阳气的滋生，抬头向上，互相缠绕。"人生负俊健，天意与光华。莫学蚯蚓辈，食泥近土涯"，我小时候常常去挖蚯蚓喂鸡鸭，从来没有想到古人有这么励志的哲理。第二候，"麋角解"。麋属阴性，在阳气滋生的冬至，麋角脱落。这与夏至落角的鹿正好相反。"渔樵不到处，麋鹿自成群"，古人虽麋鹿连用，但老早就认识到麋与鹿是两种动物。麋俗称"四不像"，江苏大丰的麋鹿沿海岸线南下，有的已经到达崇明，率先获得了上海户籍。第三候，"水泉动"，来自地下的泉水开始些微地流动。"吾家在何许，水泉修竹林"，水泉是古代隐士的标配，当官的归隐林泉，一直被人当作佳话。

时间是连绵不断的。古人"立竿见影"，从影子的长与短，最早发现了冬至和夏至，为连绵不断的时间找到了两个"节"。随之发现从夏至到冬至的中间点秋分，从冬至到次年夏至的中间点春分。继而发现立春、立夏、立秋、立冬……直到二十四个"节"全部被发现并归纳出来。每个"节"有它特有的气候、气象、气质、气韵，这就是"节气"。中国人终于通过观察太阳周年运动，建立起覆盖天文、气候、动物、植物、农事、人体、命相、民俗等在内的宏大的二十四节气知识体系，构成了对天、地、人

[元]黄公望《快雪时晴图》

◎《快雪时晴图》是元代画家黄公望根据东晋书法家王羲之的书法作品《快雪时晴帖》之意境创作而成的一幅山水画作。画作描绘了雪霁后的山中之景,画中除去一轮寒冬红日用朱砂点出外,其余景色均以墨色画成,用笔单纯而疏秀,洁净而洗练。

关系的哲学思考,形成自己特有的"文化时间"。

　　冬至因为太阳直射南回归线,所以黑夜最长,白天最短。白居易说"一年冬至夜偏长"。谚语说"吃了冬至面,一天长一线",后面白天就慢慢变长了。太阳是温暖的终极提供者。冬至,太阳最少,阳气最弱,阴气最重,所以最宜于祭祖,父母也总是告诉孩子要早点回家。在汉代、唐代,冬至是放假的,没有要紧的事,尽量不要出门、出差、出游或者出去应酬,尤其是晚间。

如果谁这天还在外面为生计奔波,那就显得特别无奈了。年轻
的白居易,冬至住在邯郸驿馆里,写下了"想得家中夜深坐,还
应说着远行人"。怀乡之情、思亲之意,一千多年后依然感动着
我们。

　　冬至,兼具最强的科学意义和文化意义,所以说"冬至大
如年"。我们吃"饺子",谐音"交子",有时光轮回之意。但冬至
并不是气温最低的时候,冬至后太阳虽然开始返回,但北半球
热量仍然入不敷出,气温还在下降。冬至是一年之中严寒的开
始。人们常说的"进九"和"数九寒天",严格来说,是从冬至后
第一个壬日算起。如果简化点,也有人直接从冬至算起。每九
天算一"九","九九"八十一天,春回大地,桃花盛开。诗人说:
"冬天来了,春天还会远吗?"在最冷的时节,心存温暖;在最黑
的夜晚,向往光明。一切都会越来越好。

小寒

梅花先趁小寒开

　　小寒，冬季的第五个节气，全年的第二十三个节气。小寒节气，与最后一个节气"大寒"，为一年的时光画上句号。"寒来暑往，秋收冬藏"，"寒"与"暑"相对。与"暑"一样，"寒"也是一种感觉，看不见、摸不着，为了表达这种感觉，古人造字时煞费苦心：上面是"宀"，表示"房屋"；中间是蜷缩的"人"；人的左右两边是四个"草"，表示盖上很多的草；下面是水。这一堆符号相叠加，使得抽象的寒冷顿时具象化了。《月令七十二候集解》解释："月初寒尚小，故云(小寒)，月半则大矣。"

　　冬至时，太阳直射南回归线，北半球太阳最低，影子最长。之后，太阳已经在回归的路上，但是北半球的热量入不敷出，气温继续下降，所以最冷的时刻不出现在冬至，出现在小寒、大寒。但是，毕竟从冬至开始，太阳开始回归，阳气在积累，春天在酝酿，正如杜甫所写："天时人事日相催，冬至阳生春又来。"小寒季节,动物、植物感受到了春天的气息,被严冬按下暂停键的生命运动又将重启了。这就是小寒"三候"和花信风。

每个节气都分三候,每候大约五天。所谓"候",就是物候,动植物根据环境变化而表现的新情况。小寒第一候,"雁北乡",大雁回到遥远的西伯利亚,在那里交配、生育,那里才是它们的故乡。"万里人南去,三春雁北飞",这是春天的信息。第二候,"鹊始巢",喜鹊开始筑巢。《诗经》说:"维鹊有巢,维鸠居之。"可怜喜鹊辛勤筑巢,却经常被布谷鸟侵占,留下了"鹊巢鸠占"这个成语。第三候,"雉雊(gòu)"。雉,野鸡。"雊,雌雄之同鸣也"。雌雄和鸣,结成夫妇。这也是春天来临的信号,所以诗歌有"雊鸣雌应春日暖"之句。小寒三候,出场的主角都是鸟儿,回家、筑巢、和鸣——出场的动作都是为交配、生育和瓜瓞绵绵做准备。这是大自然最永恒、最真实的律动。

同样比人更早察觉到春天到来的还有花儿。从小寒开始,各种鲜花依次开放。花比人守信,所以叫"花信"。从小寒到谷雨,八个节气,每个节气都有三种花,这就是"二十四番花信风"。二十四番花信风之后,春天谢幕。小寒节气花信风依次是梅花、山茶、水仙。"梅花先趁小寒开",梅花最先察觉到大地深处的暖意,最先传递了春天的信息,所以梅花是万花之首,百花之首,十大名花之首。写花的诗词千千万万,但最多的是写梅花,没有之一。

梅花是春天的使者。"江南无所有,聊赠一枝春""来日绮窗前,寒梅著花未""俏也不争春,只把春来报"……梅花已经

［元］王冕《墨梅图》

◎《墨梅图》是元代王冕创作的纸本墨笔画。画面主体为一枝梅花，画家巧妙地以墨笔勾勒出梅花的千姿百态。画中梅花或绽瓣盛开，或含苞欲放，或残英点点，极为生动传神。画中更有作者题诗："吾家洗砚池头树，朵朵花开淡墨痕。不要人夸好颜色，只留清气满乾坤。"

开了，春天还会远吗？梅花是坚强的斗士。"墙角数枝梅，凌寒独自开""不经一番寒彻骨，怎得梅花扑鼻香""宝剑锋从磨砺出，梅花香自苦寒来"……坚强源于艰苦，伟大出自困厄，美好的人生目标需要奋斗才能成为现实。梅花是孤独的隐士。"零落成泥碾作尘,只有香如故""不要人夸颜色好,只留清气满乾坤""冰雪林中著此身,不同桃李混芳尘""疏影横斜水清浅,暗香浮动月黄昏"……斗士是一种勇敢,隐士则是另一种勇敢。有些人挺身而出,有些人洁身自好。不同流合污,也是值得赞许的品格。

梅、兰、竹、菊被称为"四君子",松、竹、梅合称"岁寒三友"。历朝历代,爱梅、敬梅、为梅所痴的人不可胜数。"穷则独善其身,达则兼济天下",中国文人的理想主义,都能在梅花的斗士和隐士的双重品格中找到映照。

冬至最阴,阳气滋生。小寒、大寒,春的气息已经被动植物所感知。到了立春,春天就像建筑物一样矗立在那里,让人看得见了。大自然的轮回生生不息。天寒地冻之中,生命在萌动,活泼的春天已经在向我们走来。

大寒

每于寒尽觉春生

大寒，冬季的第六个节气，也是全年的第二十四个节气。节气始于立春，终于大寒。"天增岁月人增寿，春满乾坤福满门"，树木添了一个年轮，大人小孩长了一岁，时光就这么滚滚向前，不留恋任何人，也不等待任何人，这就是"岁月不居"。清代诗人张维屏说，大自然的这种无情，恰恰就是有情："造物无言却有情，每于寒尽觉春生。千红万紫安排著，只待新雷第一声。"

每个节气都分三候。大寒第一候，"鸡乳育也"。鸡这时候开始孵育小鸡。鸡，是最主要的家禽，鸡鸣是人间烟火的象征。"鸡声茅店月，人迹板桥霜""莫笑农家腊酒浑，丰年留客足鸡豚""三更灯火五更鸡，正是男儿读书时"，鸡在中国文化中可以写一本大书。第二候，"征鸟厉疾"。鹰隼之类杀伐的猛禽，这时候捕杀猎物特别迅猛、凌厉。唐诗有"征鸟无返翼，归流不停川"之句,写离别难回之意。第三候,"水泽腹坚"。就是湖泊里的水冻得很结实。结冰是从水面开始,此时冻到了深水处。宋代诗人梅尧臣写黄河:"谁当大雪天,走马坚冰上。"五十年前的大别山区,池塘"坚冰三尺厚于墙",我和小伙伴们开心地在上面奔跑,总被大人呵斥,但好歹没有发生过溺水悲剧。现在的池塘上完全不能立足了,这就是气候变暖的表现。

大暑相对于小暑,大寒相对于小寒。"暑"是热,"寒"是冷。如果把节气画成一个圆,大暑与大寒、小暑与小寒,遥遥相对,互相呼应。"寒"字从造字上看,表示人在漏水的房屋之中缺衣少被,需要用草来遮盖身体。《水浒传》的"林教头风雪山神庙"中,有一段描写很贴合"寒"字:那草屋"四下里崩坏了,又被朔风吹撼,摇振得动",虽然烧了一炉火,林冲仍然"觉得身上寒冷"。这种草屋才叫"寒舍"。眼下喜欢开口闭口说"寒舍"的人,大多非富即贵,多少有点矫情。

冬至时,太阳直射南回归线。冬至之后,太阳开始回归。但是北半球的热量入不敷出,气温继续下降,所以最冷的时刻不出现在冬至,出现在小寒、大寒。大寒正值"三九""四九"时节。"大寒小寒,冷成一团。"古人出门没有汽车,居家没有空调,皇帝也只能派人去抢"卖炭翁"的炭,一般人就更加没有好办法御寒了,所以对"寒"的感受比今人更深刻。"寒"因此在诗词中经常出现,是一个高频词。有春寒,"漠漠轻寒上小楼,晓阴无赖似穷秋";有夏寒,"五月天山雪,无花只有寒";有秋寒,"远上寒山石径斜,白云生处有人家";当然最多的还是冬寒,"孤舟

［清］丁观鹏《太平春市图》(局部)

◎《太平春市图》是清代画家丁观鹏的代表作之一,是一幅描绘清代春节期间民俗生活的画卷。画中有卖爆竹的、卖果品的,有唱太平鼓的,有鸟鱼挑摊和各种玩具,有耍猴卖艺的,还有算命的、跑旱船的和演傀儡戏的表演艺人,茶贩在松树下用大茶壶烹制茶饮,文士席坐品茶闲聊,展现了"生活常有喜乐,日子即是福祉"的景象。

蓑笠翁，独钓寒江雪""日暮苍山远，天寒白屋贫""可怜身上衣正单，心忧炭贱愿天寒""岁暮阴阳催短景，天涯霜雪霁寒宵""半卷红旗临易水，霜重鼓寒声不起""寒夜客来茶当酒，竹炉汤沸火初红"……在严寒面前，是龟缩还是挺拔，考验着每一个人，也折射着时代的精神。

大寒和立春前后，有一个中国人最大的节日，就是过年。过年也是成系统的一个节日。从腊八开始，经过小年、除夕、春节、人日（正月初七），到元宵节结束，前后超过一个月。其中，除夕和春节，两个最重要的节点常常都在大寒和立春前后。中国的节日，有很多共同点。最常见的礼仪是祭祖，慎终追远；最现实的要求，是尽量吃好，最节俭的家庭也要在过年时犒劳自己；最核心的要素是家庭团圆，享受着人世间的天伦之乐。与其他节日不同，过年更有时光转换的意味，"海日生残夜，江春入旧年""共欢新故岁，迎送一宵中""爆竹声中一岁除，春风送暖入屠苏"……辞旧迎新的况味是复杂的。沉重也罢，厚重也罢，时光就是如此滚滚向前，让我们放下过往，敞开心扉，拥抱一个新的时光轮回。

二十四节气的由来

春雨惊春清谷天，夏满芒夏暑相连。

秋处露秋寒霜降，冬雪雪冬小大寒。

每月两节日期定，最多只差一两天。

上半年逢六廿一，下半年逢八廿三。

——《节气歌》

2006 年，"农历二十四节气"入选第一批国家级非物质文化遗产代表性项目名录；2016 年 11 月 30 日，在埃塞俄比亚首都亚的斯亚贝巴举行的联合国教科文组织保护非物质文化遗产政府间委员会，批准中国申报的"二十四节气——中国人通过观察太阳周年运动而形成的时间知识体系及其实践"列入联合国教科文组织人类非物质文化遗产代表作名录。《二十四节气歌》用歌谣的形式，让节气知识得到了很好的传播。

"节"，原义是竹节。"气"，本义是云气。竹子主干上，分枝长叶的部分叫"节"。有词语叫"竹节""节外生枝"。"节"也是物体的分段或两段之间连接的部分，词语"关节""节点""两节车厢"，都是由此而来。"节"是不是比一般的部位更重要？如果把一年平均分为二十四段，这每一段就是一个"节"。打个比方，一年就像一根竹子，有二十四个节。古人发现这二十四段都不一样。哪些不一样呢？气象、气候、气质不一样。这便是"节气"。

　　是的，春暖花开时的气象、气候、气质，夏日炎炎时的气象、气候、气质，秋高气爽时的气象、气候、气质，冬寒凛冽时的气象、气候、气质，很显然都不一样。即便，同样在春天，第一个月早春料峭，第二个月中春明媚，第三个月百花齐放，气象、气候、气质是不是也有差别？一年十二个月，如果再进一步细分，就到了二十四节气的层面了。二十四节气，就是把一年分成二十四份，每份的气象、气候和气质不一样，植物的生长状态也不一样。

　　这便是二十四节气：立春、雨水、惊蛰、春分、清明、谷雨，立夏、小满、芒种、夏至、小暑、大暑、立秋、处暑、白露、秋分、寒

◎《清院本十二月令图轴》属于清朝宫廷绘画的题材。描绘了十二个月中民家生活情景，画面分割出好几个不同的区域，再分别填入当月可以进行的数项代表活动。整组画作构图讲究，设色精到，着笔细腻，非常唯美。

露、霜降、立冬、小雪、大雪、冬至、小寒、大寒。分配到农历十二个月里，每个月有两个节气，合起来就是："正月立春、雨水，二月惊蛰、春分，三月清明、谷雨，四月立夏、小满，五月芒种、夏至，六月小暑、大暑，七月立秋、处暑，八月白露、秋分，九月寒露、霜降，十月立冬、小雪，十一月大雪、冬至，十二月小寒、大寒。"

因为节气是太阳历，跟公历的性质是相同的，所以与公历的日子有比较确定的对应。上半年，每个月的两个节气分别在公历6日、21日前后，下半年则分别在8日、23日前后。前后相差顶多一两天。这就是本文开头的《节气歌》或者叫《二十四节气歌》。

黄道,赤日行天午不知

假如你是太阳系里的一个巨人,太阳系只是你的一个玩具,你就有了巨人眼光。你会发现,在太阳系,地球围绕太阳公转,公转轨道是接近正圆的椭圆,地球有近日点和远日点之分。这个轨道平面就是黄道。地球自转中轨迹最长的圆周线,是赤道。地球一面绕自己的轴(假想的轴,并没有一个真实的轴)自转,一面绕日公转。在这一过程中,地轴并不与公转的轨道平面(黄道面)相垂直,而是倾斜的,其夹角为 66°34′。而地轴的倾斜方向在空间始终保持不变(平移),致使赤道面与黄道面不平行,而是呈倾斜状态,其夹角是 66°34′的余角,即 23°26′。这个夹角叫黄赤交角。

地轴的倾斜和倾斜的方向不变,导致了地轴对太阳的不同倾向,使地球上的太阳直射点在北纬 23°26′到南纬 23°26′之间来回移动。移动周期为一年。这样就造成了地球各地正午太阳高度和昼夜长短的季节差异，从而形成四季。

以上是巨人视角，或者说是具备了现代科学知识的人类视角。显然古人是不具备的。不仅数千年前，中国人在发明二十四节气的时候不知道这个道理，西方的圣哲也不知道这个道理。一直到波兰天文学家哥白尼1543年发表的《天体运行论》，才提出太阳是宇宙的中心，形成太阳中心说。即便此时，也对地球公转的情况知之甚少。

古人站在地球上，并不能感知到地球的运动，就像人坐在行驶的高铁中，看不到高铁本身的运动，只能看到周围的物体在往后运动。但古人在大地上，能够看到星空的转动，以及太阳在天球上、众星间缓慢地移动着位置（这要结合夜晚星空的位置进行推理）。诗词说，"赤日行天午不知"，就是秋天太阳威力减弱，大中午，都注意不到赤日在天空上的运行。很显然，"赤日行天"是最容易观察到的现象。

古人观察到，太阳自西向东，一年移动一大圈，这叫作太阳的周年视运动。从地球上来看太阳一年"走"过的路线，这就是

◎《芙蓉锦鸡图》是北宋宋徽宗赵佶创作的绢本双勾重彩工笔花鸟画。画面绘有锦鸡、芙蓉、菊花、蝴蝶，一枝芙蓉从画面左侧伸出，花枝上栖着一只锦鸡，两只彩蝶追逐嬉戏，一丛秋菊迎风摇摆。整幅画层次分明，疏密相间，充满盎然的生机，表现出平和愉悦的氛围。

妖勤拒看盛

羲冠锦羽鸡

己知全五德

安逸胜凫鹥

宣和殿御製并书

[北宋]赵佶《芙蓉锦鸡图》

黄道,黄道实质上是地球绕太阳公转的轨道。把黄道360度划分成24等份,每份15°,每15°为一个节气。太阳每走完这15°就是一个节气。

由于地球在远日点和近日点的速度有细微的差异,所以,走完每个15°,所用的时间也略有差异。因此每个节气的时间也略有差异。这种节气的测量法,比此前把全年按照时间长度均分为二十四等份更为精确。

赤道面和黄道面有两次相交,分别是春分黄经0°和秋分黄经180°。二十四节气的黄经度数依次为:

春季:立春315°,雨水330°,惊蛰345°,春分0°,清明15°,谷雨30°。

夏季:立夏45°,小满60°,芒种75°,夏至90°,小暑105°,大暑120°。

秋季:立秋135°,处暑150°,白露165°,秋分180°,寒露195°,霜降210°。

冬季:立冬225°,小雪240°,大雪255°,冬至270°,小寒285°,大寒300°。

中国人的 ⓝ ⓓ

　　对每一个凡夫俗子来说，"时"是单向的、连续的，没有"间"，更没有"节"。但这样过日子会十分寡淡，于是，在长期的生产生活中，人们创造了"节"。这些日子叫"节日"。各民族的"节日"都是自己独特的物质和精神生活的体现。中国的传统节日博大精深，源远流长，蕴含着中国人的世界观和价值观，彰显着中国人的生命精神。我们可以按照一年的顺序，盘点一下我们自己的节日，每个节日选一首诗词代表作来做诠释。

春节　正月初一

元日

[宋]王安石

爆竹声中一岁除，春风送暖入屠苏。

千门万户曈曈日，总把新桃换旧符。

　　春节，即中国新年，定于农历大年初一，也是古人说的元日、元旦。辛亥革命后，把"元旦"这个极好的词"送"给了公历

1月1日。大年初一放爆竹,喝屠苏酒,贴春联,穿新衣,拜年……一元复始,万象更新,是最喜庆的日子。

人日　正月初七

人日思归

[隋]薛道衡

入春才七日,离家已二年。

人归落雁后,思发在花前。

据说女娲创造万物,按照她创造万物的时间顺序,农历正月初一为鸡日,初二为狗日,初三为猪日,初四为羊日,初五为牛日,初六为马日,初七为人日。

诗人离开家或许只有几天,但由于在外面过年,所以感觉已经两个年头,这种才分别就思念的感情,是许多人都有过体验的吧,所以会引起很多人的共鸣。

元宵节、上元节　正月十五

青玉案·元夕

[宋]辛弃疾

东风夜放花千树。更吹落、星如雨。宝马雕车香满路。凤箫声动,玉壶光转,一夜鱼龙舞。

蛾儿雪柳黄金缕。笑语盈盈暗香去。众里寻他千百度。蓦然回首,那人却在,灯火阑珊处。

元宵节，又名上元节。在这一天，人们放花灯，彻夜狂欢，为持续近一个月的过年谢幕。男男女女赏灯、赏景、赏月亮，顺便找个意中人，"月上柳梢头，人约黄昏后"。这天有难得的各种自由。

这首《元夕》，比起前人的诗词更加著名，甚至有人认为这首词出来，所有写元宵节的诗词都可以作废了。都说"文无第一，武无第二"，其实古人的文采比拼也是很残酷的。这首词前面写无限的灯光、烟火、豪车、香氛、音乐，好一个极乐世界！后面写到有很多女子打扮得很漂亮，身材婀娜，笑语盈盈，但无奈都不是我要等的。在万千人海中，我万千次寻找，正在失望的时候，突然回头看见，她就在灯火稀疏的地方——那种寻寻觅觅才发现佳人的惊喜，溢于言表。

龙抬头　农历二月初二

二月二日

[唐]李商隐

二月二日江上行，东风日暖闻吹笙。

花须柳眼各无赖，紫蝶黄蜂俱有情。

万里忆归元亮井，三年从事亚夫营。

新滩莫悟游人意，更作风檐夜雨声。

农历二月，天气暖了，特别是江南，花也开了，蜂蝶也来了。那还等什么？游春呗！春天来了，春心动了……

社日　立春后第五个戊日

社日

[唐]王驾

鹅湖山下稻粱肥，豚栅鸡栖半掩扉。

桑柘影斜春社散，家家扶得醉人归。

社日，祭祀土地神，祈求丰收，庆祝丰收，顺便把自己喝醉。大家从分散居住的地方赶过来，一起祭祀土地神，就叫"社会"。一年两社。春社是立春后的第五个戊日，秋社是立秋后的第五个戊口。

花朝节　农历二月十二等

花朝

[近代]苏曼殊

江头青放柳千条，知有东风送画桡。

但喜二分春色到，百花生日是今朝。

花朝节是百花的生日。南宋杨万里《诚斋诗话》说，"东京（编者注：北宋都城开封）二月十二日为花朝"。也有二月初二、二月十五、二月二十五等多种说法，一般越到南方，花朝节越早。其他的节日都是以人（活着的人或去世的人）为中心，花朝节以百花为中心。这个节日，是不是特别有趣？

上巳节　农历三月初三

上巳游显亲寺题其壁　其三

［宋］方岳

芳草垂杨水底天，半晴半雨作春妍。

幅巾道服篷船坐，不是诗仙即酒仙。

"三月三日天气新，长安水边多丽人"。人们结伴到水边沐浴，男男女女一个河里"下饺子"。文人们还要玩曲水流觞，南方的泼水节也是这天。

《周礼》说："中春之月，令会男女。于是时也，奔者不禁。"这是国家法律，不但不禁，还会提出要求，所以叫"令会男女"。

寒食节　清明节前一天或两天

寒食

［唐］韩翃

春城无处不飞花，寒食东风御柳斜。

日暮汉宫传蜡烛，轻烟散入五侯家。

为纪念晋文公时代被火烧死的忠臣介子推，在寒食节这天，全国上下不生火，只能吃冷食。晚上生新火，从皇宫中首先接到新的火种的，只能是贵族之家了。

清明节　阳历 4 月 5 日前后

清明

［唐］杜牧

清明时节雨纷纷，路上行人欲断魂。

借问酒家何处有？牧童遥指杏花村。

中国传统节日多以阴历为基准，参照阴历的日子。但节气却是阳历，是一个太阳年的二十四等分。所以节气以公历计算。清明是节日，也是节气，大多在公历 4 月 5 日左右。

清明，"万物清洁而明朗"。适宜于踏青，敬祖先只是捎带的事情。这天尤其要喝酒，"人生有酒须当醉，一滴何曾到九泉"。

端午节　农历五月初五

浣溪沙·端午

［宋］苏轼

轻汗微微透碧纨，明朝端午浴芳兰。流香涨腻满晴川。

彩线轻缠红玉臂，小符斜挂绿云鬟。佳人相见一千年。

"端午"又叫"重五"。据说为纪念屈原而设，赛龙舟、吃粽子，还要喝雄黄酒，插菖蒲，挂艾草，用兰草汤沐浴，佩香囊……

夏天到了，病菌活跃，习俗都跟健康、祛病有关。在古代，一旦生病了，可是了不得的事。

七夕节　农历七月初七

秋夕

[唐]杜牧

银烛秋光冷画屏,轻罗小扇扑流萤。

天阶夜色凉如水,卧看牵牛织女星。

　　天上要干的活儿,是牛郎织女在鹊桥上相会。人间要干的活儿,是姑娘们趁织女心情好,学点针线手艺,这就是乞巧。

　　"金风玉露一相逢,便胜却人间无数""两情若是久长时,又岂在朝朝暮暮""年年乞与人间巧,不道人间巧已多"……七夕节的诗词,与七夕节所传达的文化韵味一样,都十分美好。

中元节　农历七月十五

中元夜百花洲作

[宋]范仲淹

南阳太守清狂发,未到中秋先赏月。

百花洲里夜忘归,绿梧无声露光滑。

天学碧海吐明珠,寒辉射空星斗疏。

西楼下看人间世,莹然都在青玉壶。

从来酷暑不可避,今夕凉生岂天意。

一笛吹销万里云,主人高歌客大醉。

客醉起舞逐我歌,弗舞弗歌如老何。

农历七月十五,本来是祭祖先、祭鬼神的。但是也要祭祀自己的五脏神。看看范仲淹喝成什么样子,自己吊嗓子,客人跟着起舞。还说,不起舞、不高歌,老了怎么办? 这个问题现在也存在。

中秋节　农历八月十五

十五夜望月寄杜郎中

〔唐〕王建

中庭地白树栖鸦,冷露无声湿桂花。

今夜月明人尽望,不知秋思落谁家。

人们在中秋节会赏月,思念亲人。苏轼在这天喝醉过,写下"人有悲欢离合,月有阴晴圆缺,此事古难全。但愿人长久,千里共婵娟"的千古名篇。

重阳节　农历九月初九

九月九日忆山东兄弟

〔唐〕王维

独在异乡为异客,每逢佳节倍思亲。

遥知兄弟登高处,遍插茱萸少一人。

"重阳"又叫"重九"。九是最大的阳数,九九就是重阳,重复的阳。人们在这一天登高、插茱萸、思念亲人。现在的人在这天要敬老,老人这天最好不要出来,以免出来就要反复地被搀扶着过马路。

寒衣节　农历十月初一

寄夫

[唐]陈玉兰

夫戍边关妾在吴,西风吹妾妾忧夫。

一行书信千行泪,寒到君边衣到无?

此时,天快冷了。寒衣送暖,给另一个世界的亲人烧纸衣服,也给这个世界的亲人寄真衣服。

顺便说一下,这位女诗人陈玉兰,丈夫是王驾,就是前面讲过写《社日》的诗人。两个诗人在一起,谁做饭谁洗碗,这日子怎么过?

下元节　农历十月十五

十月十五日观月黄楼席上次韵

[宋]苏轼

中秋天气未应殊,不用红纱照座隅。

山下白云横匹素,水中明月卧浮图。

未成短棹还三峡,已约轻舟泛五湖。

为问登临好风景,明年还忆使君无。

祭祀祖先,祭祀鬼神。当然可以喝酒,可以写诗。像苏轼这样的大文豪,喝酒写诗,是不计日子、不计时辰的。

冬至节   阳历 12 月 23 日前后

邯郸冬至夜思家

[唐]白居易

邯郸驿里逢冬至,抱膝灯前影伴身。

想得家中夜深坐,还应说着远行人。

"冬至大如年"。冬至是节气,民间也当作节日。冬至这天,太阳最低,影子最长;白天最短,夜晚最长。妈妈总会叮嘱孩子,少出门,早归家。在外漂泊的人,这天肯定更加想家、想妈妈了。

腊八节   农历腊月初八

腊日宣诏幸上苑

[唐]武则天

明朝游上苑,火急报春知。

花须连夜发,莫待晓风吹。

大冬天,吃腊八粥,养养生,也挺不错的,偏偏武则天要游园——万物凋零,游什么园呢!还下旨让上林苑的花都要盛开。据说,第二天,各种花都开了。只有牡丹有傲骨,没有开,于是武则天下令把牡丹烧了。这可不是一般的霸道。

祭灶节、小年　农历腊月廿三或廿四

祭灶诗

［宋］吕蒙正

一碗清汤诗一篇，灶君今日上青天。

玉皇若问人间事，乱世文章不值钱。

北方腊月廿三，南方腊月廿四，过小年。家家户户的灶神都要上天汇报寄宿家庭的善恶是非。为了让他在玉皇大帝面前说好话，所以要祭灶，巴结巴结灶神，还要用糖瓜粘灶神的嘴。敢情神仙也是可以贿赂的。可是吕蒙正没钱，这家的灶王爷只能喝一碗清汤上路，够惨的。

除夕　农历最后一天

守岁

［唐］李世民

暮景斜芳殿，年华丽绮宫。

寒辞去冬雪，暖带入春风。

阶馥舒梅素，盘花卷烛红。

共欢新故岁，迎送一宵中。

除夕在腊月三十，有时候也在廿九，总之农历最后一天是全年最重大的节日。要团圆,要守岁,要放鞭炮,要提灯笼,要大吃大喝,家族要集体祭祀祖先,小孩要给大人行礼,大人要给小孩压岁钱……总之,除夕是最大的节日,最开心的节日。

可以看出,中国的传统节日有三个特点。第一,与节气相关(寒食节、清明节、冬至节)用阳历,其他都是用阴历。第二,阴历初一(春节、寒衣节)、十五(元宵节、中元节、中秋节、下元节)、月日数字重复的日子(春节、龙抬头、上巳节、端午节、七夕节、重阳节)最为常见。第三,节日的主要内容有祭祀祖先、祭祀鬼神、想念亲人、全家团圆、享受当下生活等,不忘来时路,珍惜眼前人。

不管是东方,还是西方,节日都是其文化传承和文化特质的集中体现,是其或长或短之文明演变的浓缩和积淀。对节日的纪念,是对民族品性、民族共同性的集体性强化。中国人的传统节日自成体系,蔚为大观。包括我们在内的一代代中国人过节,寄托着古往今来中国人的理想情怀,蕴含着中国人对美好生活的不懈追求、对大自然的感恩与敬畏、对家庭团圆与和谐永恒的期望。在这一共性下,每个传统节日又有其特定的文化内涵与价值。

春节

总把新桃换旧符

春节，古称元日、元旦。《说文解字》解释"元"为"始也"，万物的开始；解释"旦"为"明也"，天亮的意思，这个字就是一幅画，东方喷薄的太阳出了地平线。好了，元旦就是第一个天亮。问题来了，苏轼在《赤壁赋》中说，"哀吾生之须臾，羡长江之无穷"。太阳朝升暮落，亘古就有，哪一天才是第一个天亮？

对我们每个凡夫俗子来说，时间都是先天的、永恒的、连绵不断的存在。在这连绵不断的时间中，我们的祖先仰观日月星辰，俯瞰草木虫鱼，发现了有规律性的反复。太阳一升一降谓之"日"，月亮一盈一缺谓之"月"。比日、月更长，人们也发现了日影长短、气温寒暑和植物荣枯的循环往复，这便是"年"——这是二十四节气的长度，365.2422 天，其实质就是地球绕太阳公转一周。阴历十二个月，354 天，与一轮节气有差距，于是，中国人通过闰月来弥补这个差距。中国的农历年，由此而生。

我们说农历年是阴阳合历,因为每个月是阴历,而节气和四季属于阳历,年的长度也尽量趋近于阳历。一个农历年从何时开始,到何时结束,规则就是这么来的。

元旦,是农历年的第一个日出,也就是大年初一。这个大年初一,其实不等到日出,是从子时,就是头天晚上十一点到当日凌晨一点算起的。我们现在把公历的 1 月 1 日叫元旦,是辛亥革命以后,引入公历才开始的事情。"元旦"两个字送出去以后,我们就把大年初一叫春节。当然春节也可以是广义的,广义到一个长假或者到元宵节前,甚至是整个正月。

一元复始,万象更新。自然各种仪式是不可少的。放鞭炮几乎是所有仪式必备的环节,"爆竹声中一岁除,春风送暖入屠苏"。开家门要放鞭炮,开猪圈要放鞭炮,开鸡舍要放鞭炮……我们老家大别山区,大年初一早晨,家家户户带上自己的爆竹,到打谷场上燃放。这挂爆竹,比的不仅仅是声响,还比的是流畅——如果断断续续的,或者熄火了,可不是什么好兆头,一年都会笼罩着阴影。

凡是中国人,皆要贴春联。"千门万户曈曈日,总把新桃换旧符","新桃""旧符"说的就是春联,春联是从桃符演变过来的。押韵使各种文字都可以具备美感,所以全世界的人都写诗歌,但只有中国的方块字才使对联有工整美。在中国的帝王中,五代后蜀皇帝孟昶排不上号,但因为创造了第一幅春联"新年纳余庆,嘉节号长春"而名垂青史。我小时候,过年之前,乡亲们都拿红纸来请爸爸写对联。红纸见缝插针地在地上摊开，我总是能准确无误地把它们凑成一对。字数相同、词性相同、断句相同，这些规则是不难的。难的是分上下联，上联仄声结尾，下联平声结尾。爸爸说，先抑后扬，先苦后甜，这是中国人的人生观和价值观。迎面对大门，右手边是上联，左手边是下联，不因横批而改变——有人说，横批从左到右，上下联就须从左到右，家父如果健在，一定会斥之为机会主义，不懂哲学，不懂尊卑。

对六七十年代的孩子们来讲，大年初一是唯一穿上新衣、新鞋、新帽的日子。如果不是穷得实在揭不开锅，总得给孩子们添置一件新衣服。再不济，一双新布鞋、新袜子——我母亲去世得早，过年这双新布鞋，从年初就筹划起，所有近房、远房的亲戚，加上亲朋好友，总会有一个人认领，到了腊月，才把这双新布鞋郑重其事地送来。我是穿百家鞋长大的。

新年最重要的事情是拜年。老家的规矩，大年初一是到同一家族长辈那里拜年，大年初二之后是到外公外婆之类辈分高的亲戚家拜年。我每年总是先到东头四奶家拜年，四奶家姓朱，整个生产队独一户，但因为年高德劭，我们姓韩的大人小孩都要去拜年。一家家拜过去，到一户像样的人家吃中饭，什么是像样的人家呢？要么父母是望族，要么子女是体面人——留下来吃饭的自然也是生产队的体面人。酒是新开的，但饭必须是去年的剩饭，据说这意味着连年有余。菜多半也是剩的，因为初一不能动刀子。初一的禁忌还有很多，比如不能说脏话，不能说不吉利的话——对小孩子来说，这是十分难以遵守

[南宋]李嵩《货郎图》

◎李嵩,钱塘(今浙江杭州)人,南宋画家,擅长人物、道、释。《货郎图》是其代表画作之一,描绘了老货郎挑担来到村头,众多妇女儿童争购围观的热闹场面,表现了南宋时钱塘一带的风土人情。画中线条细腻雅致,传神地勾画出劳动人民朴实的形象。

的规矩。好在即便犯忌,大人也就顶多瞪一下眼,因为,有一个禁忌在这里等着大人:大年初一不能打人和骂人。一切的一切,都是为了有一个崭新的、更好的未来。这天寄托着人们对未来的憧憬、向往和热爱。

元宵

东风夜放花千树

元宵，又叫上元节。元，开始的意思；宵，夜晚。元宵，就是全年第一个月圆之夜。中国的节日，有两个日子比较集中。首先是农历月和日数字相同的日子，比如一月一（春节）、二月二（龙抬头）、三月三（上巳节）、五月五（端午节）、七月七（七夕节）、九月九（重阳节）；其次就是农历十五，月圆之夜。除了正月十五的上元节，还有七月十五中元节、十月十五下元节，当然最著名的莫过于八月十五的中秋节。

恐惧黑暗，向往光明，是人的本能。灯火是光明的象征。商周燃烛照明，秦汉张灯结彩。尤其到了东汉，佛教传入，朝廷下令正月十五"燃灯敬佛"，由庙堂之高迅速到达江湖之远。到隋唐，元宵节已经是最重要的节日之一。每一个节日都是在漫长的历史过程中逐渐形成的，但大多数中国节日的源起和成形都与汉唐有关。"灯树千光照，花焰七枝开"，在众多元宵节的诗词中,隋炀帝杨广的水平一般,却是隋朝元宵节的第一手见证。

元宵节,既是独立的一个节日,也是过年的一部分。天上明月高悬,地上彩灯万盏,人们抓住节日最后的尾巴彻夜狂欢。灯会是元宵节的主题,灯节是元宵节的别名。看唐代诗人苏味道的《正月十五夜》,真的是有味道!"火树银花合,星桥铁锁开。暗尘随马去,明月逐人来。游伎皆秾李,行歌尽落梅。金吾不禁夜,玉漏莫相催。"星桥,即星津桥,是洛阳城横跨洛水的三座桥之一,此时此刻,铁锁打开,打扮得艳若桃李的歌女、舞女满街乱跑。掌管京城戒备的金吾也不再禁人夜行。计时的玉漏,也不用提醒时间的流逝。喝着酒,唱着歌,约着会⋯⋯火树银花,比喻灿烂绚丽的灯光和焰火,这个词就是在这里发明的,从发明出来就特指元宵灯景。唐代京城每晚都要戒严,一年只有正月十四、十五、十六这三天例外。元宵节,就是地道的狂欢节。闹花灯、猜灯谜、踩高跷、耍龙灯、舞狮子、划旱船⋯⋯人们围绕灯会,能想到的各种娱乐活动,文的武的,雅的俗的,都是狂欢节的一部分。

老天创造的圆月背景,人类营造的灯光氛围,狂欢导致的荷尔蒙激增,浪漫的故事也会由此而生。汉唐,包括两宋,女子平日里倒也不是足不出户,但晚上宵禁,男男女女晚上相会的机会只有元宵节。青年男女或眉目传情,或直抒胸臆,对上眼、牵上手是常有的事情,元宵节于是就成了情人节。

欧阳修《生查子·元夕》写道:"去年元夜时,花市灯如昼。月上柳梢头,人约黄昏后。今年元夜时,月与灯依旧。不见去年

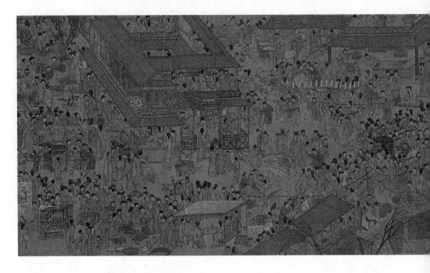

[明]佚名《上元灯彩图》(局部)

◎《上元灯彩图》主要描绘了明朝中晚期的南京地区,元宵节期间的街市景致。画面丰富细致,不仅将当时富庶安逸的社会生活状况鲜活地勾勒出来,还能从中看出许多明代南京文化、艺术、民俗、商贸、建筑等方面的信息,既富有十分浓郁的生活情趣,又蕴藏着极高的历史价值与文化内涵。

人,泪湿春衫袖。"元宵,真的是只看灯光、看烟火吗?当然不是,最要看的还是美女。本来美女是分散的,就是上街也难以碰到那么多,元宵节例外,大家都合情合理合法地出来了。去年"月上柳梢头,人约黄昏后",一年过去了,再到"花市"上来找她,却没有找到,失恋催生了最好的诗篇。

　　人们常常把元宵节称为"良宵"。《水浒传》有一段活色生

香的描写。话说那一年元宵节,"楼台上下火照火,车马往来人看人"。上到帝王将相,下到黎民百姓,赏灯观景,好不快活。据说水泊梁山落草为寇的宋江也耐不住寂寞,带了一干兄弟,夜入都城,直奔名妓李师师而去。而荒淫的宋徽宗这天晚上也通过地道,从宫里直接来到李师师的闺房。双方差点儿打了起来,这就不是故事,是事故了。这种事故,不是元宵节里吃几个元宵能补偿的。

花朝

二月江南花满枝

古代长诗之中，白居易《琵琶行》因为进入了课本，最为家喻户晓。我跟许多人一样，曾经背得很溜，但很长时间并不知道其涵义，"春江花朝秋月夜，往往取酒还独倾"这句诗中，"花朝"和"秋月夜"是两个节日。古人常用"秋夜""秋月夜""十五夜"特指中秋节；而"花朝"，就是"花朝（zhāo）节"，一个曾经渐行渐远又被许多地方重新拾起的美丽节日。

花朝节，是百花的生日，又叫花神节、百花节。婴儿出生第三天，叫"三朝"。花朝节，也充满了对新生的惊喜和热爱。节日按道理说应该是同步的，但农历小年，北方腊月二十三，南方腊月二十四。花朝节就更特殊了，有农历二月初二、二月十二、二月十五、二月二十五不同的说法，以十二、十五居多。这也解释得通，中国南北差异大，南国春早，百花的生日也是南早北迟。

"等闲识得东风面,万紫千红总是春"。万紫千红,大多开放在小寒到谷雨节气,持续四个月,但毫无疑问,最集中的是二月。早开的还在,盛开的正艳,未开的将开。李商隐说,"二月二日江上行,东风日暖闻吹笙。花须柳眼各无赖,紫蝶黄蜂俱有情";秦观说,"有桃花红,李花白,菜花黄";汤显祖说,"原来姹紫嫣红开遍";欧大任说,"二月花朝锦满城,五陵公子粲朱缨"……傲霜斗雪的梅花开放在严寒的冬天,是百花之首,但颇有些孤独。只有二月,才是百花争艳,古诗中"二月花"三个字几乎成了月令和花的固定搭配。古人选二月作为花朝节,那真是众望所归。

《红楼梦》六十二回,写宝玉过生日,道出黛玉的生日是二月十二。绛珠仙草,原来也是花神,如此再回头来读《葬花吟》"花谢花飞花满天,红消香断有谁怜",是不是别有一种哀怜?但是,花朝节,不以哀怜为基调。唐代的花朝节,也叫"落花朝",赞美的是花开花落的壮美。张若虚说,"昨夜闲潭梦落花,可怜春半不还家","春半""落花",写的是花朝节。孟云卿说,"二月江南花满枝,他乡寒食远堪悲"。中国人的故土情结很重,一到最美的时光,就思念家乡,思念亲人——虽然有些低回,但唐代人对百花整个生命周期的赞美,仍然是充满了乐观和激情。

种花、买花、赏花、簪花、敬花神……尤其值得一提是簪花。从唐到清,男女老少、贵贱蚩妍都有簪花的习惯,就是头上插花,各种花都有,画像中不少还是硕大的牡丹。李清照从流动的卖花担子上买了花,插在头上,说:"怕郎猜道,奴面不如花

[唐]周昉《簪花仕女图》

◎周昉是唐代重要的人物画家,《簪花仕女图》是其人物画的代表作。画面描绘的是五位贵族夫人和一名侍女在春夏之交赏游花园的场景,另有小狗、白鹤及辛夷花点缀其间,体现了贵族仕女养尊处优、游戏于花蝶鹤犬之间的日常生活状态。

面好。云鬟斜簪,徒要教郎比并看"——老公啊,你不要嫌我没有花好看,我非要插给你看,比比我和花儿哪个更美。苏轼头插牡丹,醉酒后跌跌撞撞走在杭州的大街上,说:"人老簪花不自羞,花应羞上老人头。醉归扶路人应笑,十里珠帘半上钩。"黄庭坚说:"风前横笛斜吹雨,醉里簪花倒著冠。"到了清代,纳兰容若还形容胡子拉碴的友人"须髯浑似戟,时作簪花剧"。这些蕴藉风流,怎么就不知不觉消失了呢?让人怅惘。

农历二月份还有两个重要的节日。二月二,龙抬头。古人把天上星象分二十八组,称"二十八宿"。东方"苍龙七宿",像一

条龙,冬天隐没在地平线下。农历二月初,头部开始露出地平线,这就是"龙抬头"。沉睡中醒来的龙,行云布雨,那贵如油的春雨,不是稀少,是滋润一切。还有一个节日是春社日。"社"是祭祀土地神,一年两社,春社祈求一年的风调雨顺,秋社感谢一年的眷顾恩典,春社秋社在立春、立秋后第五个戊日。古代地广人稀,人们平时是不大相聚的,社日大家从四面八方赶来,于是成为一种特定的聚会,这就是"社会"一词的由来——鲁迅名作《社戏》就是在"社会"上唱的戏。"社会"时很热闹,很喜庆,酒自然是不少的。唐代诗人王驾说:"桑柘影斜春社散,家家扶得醉人归。"

农历二月份的三个节日,是一个奇妙的组合。一个是天象,龙抬头;一个是大地的铺陈,花朝节;一个是人和神的对话,春社日。天地人神交会,开启了一年最愉快的大合唱,幸福的生活图景在人们面前徐徐展开。

寒食

春城无处不飞花

中唐诗人韩翃,在一千多年后的当下,不是特别有名,但他有首很著名的诗《寒食》:"春城无处不飞花,寒食东风御柳斜。"后世或用来行酒,或用来斗才,让人忙得不亦乐乎的"飞花令",就是来自这首诗。这首诗写的是寒食节。清明吃青团、端午吃粽子、中秋吃月饼、重阳吃糕……中国的节日都离不开吃,然而寒食节才是唯一以吃命名的节日,显得非常特别。

寒食节,顾名思义,就是禁烟火,只能吃冷的东西。在人类的文明史上,火的意义无以复加。饮食、健康、进化、制造工具都离不开火,对火的崇拜与人类共生。据说在远古时代就有熄灭旧火、点燃新火的传统,但这不是寒食节。寒食节的诞生,公认与晋文公和介子推(介之推)的故事有关。春秋时期,晋国内乱,公子重耳被迫流亡。介子推跟随重耳十九年。有一次,重耳饿得走不动路,野菜煮食又不能下咽。介子推偷偷把自己腿上

[明] 仇英《水仙蜡梅图》

◎《水仙蜡梅图》是明代绘画大师仇英的一幅画作。画中描绘了一支蜡梅和两株水仙，水仙婷婷玉立，低头含羞，蜡梅由上方翩然探入画幅，构思巧妙，清丽高雅。

的肉割下一块,同野菜煮成汤送给重耳。后来重耳成功返回晋国,成为晋文公。此时此刻,介子推不愿争宠,携老母隐居于绵山。晋文公亲自到绵山恭请介子推,介子推坚持不出。于是,晋文公命人放火焚山,逼介子推出山。结果,介子推抱着母亲烧死在大树下。晋文公于是下令:介子推死难之日不准生火,要吃冷食,称为寒食节。这么算,寒食节距今已经2600多年。

寒食节是祭祀的节日。这可以从古人很多诗歌中得到见证,唐朝诗人熊孺登说:"冢头莫种有花树,春色不关泉下人。"既然春色送不到黄泉,那钱财自然也送不到先人,祭祀无非就是慎终追远之意。五十年前,我小时候,爸爸说寒食节不能祭祀。因为放鞭炮、焚烧祭品,不能没有火。他还说,晋文公为了彻底禁火,下令这天所有的香火都归介子推。

寒食节,原来是在冬至后的105天,清明节前一两天。明末清初,著名的传教士汤若望引进西方已然发达的天文学,会同徐光启改进了中国的历法,二十四节气的测算精度也得到了极大地提高。观天象、修历法、造火炮、传科技,这位金发碧眼的西方传教士,在官阶森严的大清王朝最终官居一品,绝无仅有,实属传奇。根据他改进的历法,最终确定寒食节在清明节的前一天。

寒食熄旧火,清明起新火,唐代诗人王表说:"寒食花开千树雪,清明日出万家烟。"规则是帝王制定的,规则也是帝王破坏的。寒食节傍晚,皇宫提前生火,走马传烛,迅速送达权贵之家,这就是韩翃写的"日暮汉宫传蜡烛,轻烟散入五侯家"。不过韩翃可没有讽刺意味,更多地充溢着对皇都春色的陶醉和对盛世承平的歌咏。不仅一般人都喜欢这首诗,连唐德宗也喜爱有加。

寒食节是最美的节日。晚唐、五代"花间派"代表韦庄《浣溪沙》:"清晓妆成寒食天,柳球斜袅间花钿,卷帘直出画堂前。指点牡丹初绽朵,日高犹自凭朱栏,含嚬不语恨春残。"景美人美,一首典型的花间派词,写得非常清丽。虽然生活在乱世,但春天总是能抚慰伤痛者的心灵。两百年后的宋代女词人李清照,用同一个韵,也写了一首《浣溪沙》:"淡荡春光寒食天,玉炉沉水袅残烟。梦回山枕隐花钿。海燕未来人斗草,江梅已过柳生绵。黄昏疏雨湿秋千。"显然借鉴了韦庄的词风。这个时节是飞花时节,赏花正当时,但也到了伤春的开始。

不过,我最喜欢的是苏轼:"寒食后,酒醒却咨嗟。休对故人思故国,且将新火试新茶。诗酒趁年华。"寒食时节,有诗、有酒、有茶,此时新茶开始上市,寒食清明前的茶,有一个专有的名称,"明前茶",是最好的茶。"诗酒趁年华",宠辱不惊,活在当下,每一个当下都是人生最美的时光。

端午

忽然鼓棹起中流

　　端午是最重要的节日之一,在相对寂寞、寡淡的上半年尤其重要。"端",据《说文解字》解释,物初生出地面,有"正""两端"的意思。"午"在这里指农历五月,用十二地支(子、丑、寅、卯、辰、巳、午、未、申、酉、戌、亥)为月份排序,正月建寅,就是正月从寅开始,五月为午。"端午"的本义就是正值五月。因为固定在五月初五,所以也叫"端五""重五"。《易经》说单数为阳,双数为阴,"五"为阳数,所以也叫"端阳"。端五,重五,端阳……端午由此成了别名最多的一个节日。

　　一般认为,端午节因纪念屈原而来。说是战国时期楚国大诗人屈原,五月初五投汨罗江而死,后人为了纪念他,划龙舟,包粽子。对一位伟大的爱国诗人的缅怀,是一件很美好、很高尚的事情,体现了这个民族的良心和道德水准。只是,这种来源并无确凿的证据。唐代诗僧文秀写道:"节分端午自谁言,万古传闻为屈原。"可见这只是传闻。

从科学的角度细究下来，端午节可能更是一个除瘟、驱邪、求吉祥、求健康的节日。古代的天象学极其复杂，很难说清楚。总之，古人把五月看成不好、不吉祥的月份。比如不适合养孩子，不适合盖房子，不适合远行，不适合新官上任……后人解释说，这时候天气逐渐变热，各种蛇虫和病菌活跃，感冒、疟疾、流行病多了起来，小孩子夭折的情况也比其他月份多。所以，端午是"恶月恶日"，必须除瘟、驱邪、求吉祥、求健康。

端午节习俗，包括吃、喝、药物、运动，都多多少少与健身或驱邪有关。比如说，咸鸭蛋性寒，夏天吃可以解暑、清肺火；大蒜有杀菌消毒的功效；大人喝雄黄酒解毒避蛇，小孩子用雄黄涂抹在额头上，或点一个大大的圆点，或写一个"王"字，像小老虎一样的威风，驱厄辟邪。我小时候就被点过，稍微长大点就很有些不好意思，会转过身悄悄洗掉。挂在门上的菖蒲和艾叶，都是中药材，能开窍化痰，辟秽驱虫。还有沿袭至今的端午佩戴香囊，唐代大医学家、药王孙思邈在《千金要方》中更是明确说它是为了"辟疫气，令人不染"。

习俗有强大的生命力。南宋陆游《乙卯重五诗》中"粽包分两髻，艾束著危冠。旧俗方储药，羸躯亦点丹"，就记载了这些习俗，跟现在差别不大。

运动当然也是防病驱邪的主要方式。古人老早就懂得运动健身的道理。端午节的运动包括赛龙舟、比武、击球、荡秋千等。有人说，中华民族是个爱静不爱动的民族，有些道理。虽然

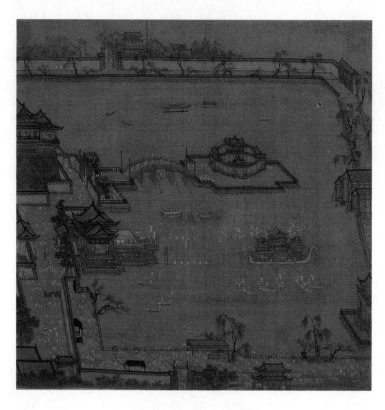

[北宋]张择端《金明池争标图》

◎《金明池争标图》相传是由北宋画家张择端创作的一幅绢本设色风俗画。画作采取了全景式的构图,描绘了农历五月初五端午佳节之时,宋太宗亲临金明池观赏龙舟竞赛与民同乐的场景。画作真实、客观地再现了汴梁之景,反映了特定时代的生活风尚与社会理想,具有极大的历史与艺术价值。

这话说得有些绝对，但是以运动为主题的传统节日的确很少，这是不争的事实。三月初三踏青、九月初九登高，都不算什么高强度的运动。与运动最相关的节日，首推端午。而端午最有代表性的运动是赛龙舟。宋代诗人黄公绍《竞渡棹歌》："看龙舟，看龙舟，两堤未斗水悠悠。一片笙歌催闹晚，忽然鼓棹起中流。"岸上、水上，看的，吹的，赛的，到现在还能让人感受到千百年前赛龙舟的热闹氛围。

安康是端午节的主题。因此，一些人认为端午节的问候不能说"端午快乐"，只能说"端午安康"。这就太较真儿了，快乐是一个广义的说法，既包括安康，也包括舒心，为什么不可以呢？祝各位看官端午快乐！端午安康！

七夕

两情若是久长时

七夕,农历七月七日的傍晚。傍晚,不是深夜。"夕",《说文解字》解释为"莫(暮)也,从月半见(现)",月亮将出未出,才露出一半。以这个时间节点来做节日的,还有"元夕"(元宵节)、"月夕"(中秋节)和"除夕"(大年)。中国的传统佳节,一半都跟月亮有关,最初可能都源于对日月星辰的观察、思考和敬畏。

每个节日或多或少能讲出一点故事,比如屈原之于端午。但能讲出一个百转千回的完整故事,而且是爱情故事,只有七夕——那就是家喻户晓的牛郎织女。民间的放牛娃,机缘巧合,遇到了王母娘娘的孙女,在人间双宿双飞,后织女被抓回天庭,牛郎用牛皮为舟,挑着一对小儿女,奋力追赶。王母娘娘拔下金簪,在二人之间划出一条银河,从此河汉相隔。到了七月初七这天,地上的喜鹊都飞上天,在银河上架起一座美丽的鹊桥……

牛郎织女的故事，应该形成很早。汉代《古诗十九首》感叹他们的分离："迢迢牵牛星，皎皎河汉女"；三国曹丕《燕歌行》质问天庭："牵牛织女遥相望，尔独何辜限河梁。"虽然故事并不圆满，但是这二位既是人间的佳偶，又是天宫的夫妻，更是照耀银河的星辰，是真够浪漫的了。这个浪漫的故事历朝历代被无数人写进了诗歌、写进了词曲。比如唐朝诗人杜牧《秋夕》："银烛秋光冷画屏，轻罗小扇扑流萤。天阶夜色凉如水，卧看牵牛织女星。"进了深宫，比牛郎织女还要孤寂。比如白居易《长恨歌》："七月七日长生殿，夜半无人私语时。在天愿作比翼鸟，在地愿为连理枝。"用牛郎织女来衬托唐玄宗和杨贵妃的爱情，因为写得美，倒也没有人说类比上有没有什么问题。在七夕所有的诗词中，最著名的当属秦观《鹊桥仙》："纤云弄巧，飞星传恨，银汉迢迢暗度。金风玉露一相逢，便胜却人间无数。柔情似水，佳期如梦，忍顾鹊桥归路。两情若是久长时，又岂在朝朝暮暮。"秦观说，只要有感情，一年见一次又有何妨。是的，日日异床同梦，胜过天天异梦同床。

除了秦观的词，我最喜欢的还有黄梅戏《牛郎织女》："架上累累悬瓜果，风吹稻海荡金波。夜静犹闻人笑语，到底人间欢乐多"，与"树上的鸟儿成双对，绿水青山带笑颜。从此再不受那奴役苦，夫妻双双把家还"堪称黄梅戏"双璧"。浪漫的七夕，也就成了爱情的节日，但我不赞成说它是中国的情人节——中国的爱情，是男耕女织，是琴瑟和谐，是相依为命，是白头偕老，与情人节无关。

织女不仅漂亮，还心灵手巧，满天的云彩都是她的杰作。据说有一天，天空没有了云彩，这才让王母娘娘发现了织女下凡。男耕女织，天底下所有的姑娘们都希望学到织女那织云裁锦的技巧。这便是七夕最重要的风俗——"乞巧"。风俗之普遍，唐朝诗人林杰"家家乞巧望秋月，穿尽红丝几万条"可以作证。流风所及，小孩子都学会了，唐代诗人施肩吾《幼女词》记载了自己学龄前的小女儿模仿大人乞巧的场景："幼女才六岁，未知巧与拙。向夜在堂前，学人拜新月。"宋代诗人杨璞《七夕》则反其意而用之，认为人间的机巧太多了："年年乞与人间巧，不道人间巧已多。"同样的神话，同样的风俗，不同样的情感和思想。

但是，牛郎织女鹊桥相会，真的是传说中的一年一见？或许不对，或许他们是天天在见。因为"天上一日，地上一年"。在人间看来，一年一次；可是牛郎织女生活在天上，岂不是天天都腻歪在一起？这可不是我的"发现"。唐朝诗人宋之问《七夕》就写道"莫言相见阔，天上日应殊"，意思是，不要以为他们俩阔

◎《秋庭戏婴图》是北宋苏汉臣创作的一幅绢本卷轴设色画。画作描绘了在秋天的一个富家庭院里，姐弟俩正玩着一种推枣磨的游戏情景。画作笔法细腻，人物形象描绘得丰润、柔软、细致，而且有着丰富的变化。

［北宋］苏汉臣《秋庭戏婴图》

别很久,天上的时间跟人间不一样啊!如果是天天见面的牛郎织女,为什么偏要说他们一年只见一次呢?因为悲剧的力量永远超过喜剧,伤心的作品最能感染人。不管真相如何,遗憾的爱情、不圆满的人生、美好的向往——这是天上、人间每天都不落幕的生活剧,都是在不够完美中,不断追求着完美。

中秋

不知秋思落谁家

　　在传统佳节中，中秋的重要性仅次于春节。中秋，顾名思义就是秋季的中间。但是从纯科学的角度来说，秋季的正中间是二十四节气中的"秋分"——那一刻，太阳直射南回归线，把秋季分成了前后相等的两半。事实上，周朝的祭月也确实在秋分。但是八月十五的那一轮明月，终于以它纯洁的光辉征服了所有的人。至少在汉代，农历八月十五，以祭月、拜月为中心的中秋节就普及了；到了唐代，对月怀远，思念亲人，就成了中秋节最重要的主题；宋代之后，全民参与，成为仅次于春节的第二大节日。

　　月亮，毫无疑问，是中秋的主角。在我们的生活中，距离我们最近的星体，有太阳也有月亮，两者不可或缺。但如果要强行比较一下，太阳可能重要得多。没有太阳的光辉，地球将失去一切生命，月亮也会失去光彩。中国人讴歌太阳的光辉，赞美太阳

［清］袁耀《山庄秋稔图》

◎《山庄秋稔图》是清代画家袁耀创作的一幅绢本设色画,描绘了在山庄秋天的景色中,人们秋收的忙碌身影和欢乐情景,富有浓厚的生活气息。画面构思精巧,结构准确,层次分明,突显出作者精于刻画的写实功力。

普照大地，却把一腔深情送给了月亮。以月亮为主角的节日有元宵(元夕)，有七夕(秋夕)，有中秋(月夕)，其实还有"除夕"，"夕"就是月亮出来一半的意思。中国人对月亮如此热爱，甚至有学者把华夏民族称之为"月亮民族"，这是一个有趣的文化现象。中秋的习俗也跟月亮有关，除了祭月、赏月，赏桂花、饮桂花酒也跟嫦娥奔月的故事有关。就连吃的也叫月饼——月饼，而不是嫦娥，几乎是我儿时盼望中秋节唯一的理由。

既有浪漫主义情怀，洋溢着中国人特有的诗情画意；又有现实主义关怀，充满着中国人心中的伦理家国。中秋文化在诗词之中最能体现出来。每个节日都有诗词名篇。有趣的是，写中秋节的佳作名篇，超过了其他节日之和，中秋节也由此成了最有诗意的节口。唐宋几乎所有的顶尖诗人都参与了中秋诗词的创作"大赛"，蔚为壮观。

先说唐朝，李白"长安一片月，万户捣衣声"、杜甫"遥怜小儿女，未解忆长安"、王维"圆光含万象，碎影入闲流"、白居易"西北望乡何处是，东南见月几回圆"、王建"今夜月明人尽望，不知秋思落谁家"……一个个锦心绣口，流芳百世。这些还不是最著名的，唐朝写中秋最著名的诗歌当属"海上生明月，天涯共此时"，一代名相张九龄的代表作，其壮阔瑰丽，妥妥的大唐气象，是中秋文化内涵的最好表达——月儿圆，人团圆。如果说七夕是情侣之间的思念，那中秋就是亲人之间的牵挂，乃至人与人之间的共情。中秋那一轮明月，让无数人魂牵梦绕，不再觉得天各一方。

到了宋代，中秋诗词的桂冠属于苏轼，他写了很多中秋佳作。"此生此夜不长好，明月明年何处看""中秋谁与共孤光，把盏凄然北望""桂魄飞来，光射处，冷浸一天秋碧"……为他夺得中秋诗词之冠的还是那首家喻户晓的《水调歌头》，"明月几时有，把酒问青天""人有悲欢离合，月有阴晴圆缺""但愿人长久，千里共婵娟"，此作一出，堪称绝唱。然而诗人总能别开生面，论壮阔，南宋词人张孝祥"玉鉴琼田三万顷，著我扁舟一叶"，堪称一篇《赤壁赋》。辛弃疾"可怜今夕月，向何处，去悠悠？是别有人间，那边才见，光影东头？"通篇都是科学追问，是中国古代最有科学色彩的一首词。唐宋之后，写中秋的诗词，不断有佳作涌现，清代诗人黄景仁"似此星辰非昨夜，为谁风露立中宵"，深得中秋之韵。

不仅仅是在九百六十万平方公里的华夏大地，只要有华人的地方就有中秋节。中秋节是汉文化圈共同的节日。那一轮圆月，是炎黄子孙的同心圆。

重阳
战地黄花分外香

　　每年农历九月初九为重阳节。重阳节早在战国时期就已形成,到了唐代被正式定为节日。中国古代,双数为阴,单数为阳。九月初九是两个最大的阳数,所以叫重阳、重九。古人用阴阳哲学解释了世间万事万物。九是阳数中最大的,两个九,就是阳的顶峰。物极必反,到了这个节点上,阴冷的晚秋和冬天也已经到了。阴阳不停地此消彼长,从量变到质变,这是中国人的宇宙观,也是中国人的人生观。

　　我从小生活在山区,对重阳节的印象首推吃糍粑。我外婆家那里的糍粑,还入选了"非遗",进了"舌尖上的中国",只是好些年没有吃过了。重阳还有很多习俗,如登高、赏菊、插茱萸、饮菊花酒……我们生活在一个急剧变革的时代,很多习俗被破坏了,只能从文人的一些描述中看到痕迹。中国古代是重视文教的农耕社会,耕读并称,士大夫(乡绅)和农民生活在一起,所以绝大多数的文化、习俗、价值观是共同的,阶层之间并不存在明显的对立。这是中国文化代代相传的原因之一,也是中国社会相对稳定的原因之一。

下面我们通过几首著名的诗词,来感受重阳。

醉花阴·薄雾浓云愁永昼

[宋]李清照

薄雾浓云愁永昼,瑞脑销金兽。佳节又重阳,玉枕纱厨,半夜凉初透。

东篱把酒黄昏后,有暗香盈袖。莫道不销魂,帘卷西风,人比黄花瘦。

写重阳的诗词不可胜数,李清照的《醉花阴》最著名。多念几遍,就会发现通篇充满了难以言说的愁绪。"东篱把酒黄昏后",自从陶渊明写"采菊东篱下"之后,"东篱"是种菊花、菊圃园的代名词。这是重阳节李清照思念她的丈夫所写的一首词。

◎陈淳,明代绘画大师,擅长山水、花鸟。《重阳风雨图》是其创作的一幅绢本设色画,画作以淋漓疏爽的笔墨描绘出重阳菊花盛开之时,城郊溪畔的渔夫行人在斜风细雨中的活动。画中题诗云:"满城风雨近重阳,橘熟橙黄菊吐香。瑟瑟凉天无限乐,好怀何必论他乡。"

[明]陈淳《重阳风雨图》

因为满怀愁绪,所以感觉时间过得很慢。

同样的时间长度,欢乐的人与愁苦的人,感受完全不一样。在欢乐中时间流逝得快,在愁苦中则感到时间的步履是那样缓慢。放假七天显得很快,上班七天就显得很慢。

阳极阴生,自然的变化影响心境。诗人多是性情中人,也是凡人,写重阳节的诗词都是人生易老的感伤充斥其间。相比之下,只有那种非凡的人物才能超越时间和空间给人造成的压抑感,把让无数人为之神伤的时节,写得那么豪迈、昂扬、奔放。比如下面这首词:

采桑子·重阳

毛泽东

人生易老天难老,岁岁重阳。今又重阳,战地黄花分外香。
一年一度秋风劲,不似春光。胜似春光,寥廓江天万里霜。

除夕

万里乾坤一夜新

（一）

时间是绵延不断的，节日把绵延的时间分成了一节一节的。与其他节日都只有一天不同，过年是一个时间段。从腊月初八开始，"过了腊八就是年"，经小年、大年、初一、人日，到元宵节结束，前后一个多月，高潮是大年夜，也就是除夕。

大年俗称大年三十，农历有的月份三十天，有的月份只有二十九天，但仍然都叫"大年三十"。"年"，《说文解字》解释为"谷熟也"，五谷一年一熟，所以用它来表示年。苏轼诗歌说，"此生已觉都无事，今岁仍逢大有年"。"大有年"，就是大丰收的意思。

一年结束于最后一天，最后一天结束于夜晚，所以除夕极其重要。"除"本义是"台阶"，《朱子家训》说："黎明即起，洒扫庭除。"走上一个台阶，就离开了前面的台阶，所以有更替、去除的意思，"除夕"的"除"就是这个意思。

西晋那位改邪归正的周处写过一本《风土记》，里面记载："蜀之风俗，岁晚相与馈问，谓之馈岁。酒食相邀，为别岁。至除夕，达旦不眠，谓之守岁。"可见，"除夕"这种说法以及拜年、年夜饭、守岁这些习俗存在了近两千年。

（二）

在传统节日中，除夕和清明透着许多感伤。清明是伤逝，除夕是伤己。"人家的闺女有花戴，你爹我钱少不能买。扯上了二尺红头绳，我给我喜儿扎起来。"不仅仅杨白劳，穷人过年都不怎么好过。犒劳家人要花钱，人情份子要花钱，欠债还钱也都以过年为期限，过年可不就是过关一样？所以有"年关"一说。

年关还包括心理关。在小孩子欢呼长大了一岁的同时，大人们都清醒地感觉到自己老了一岁。看历代文人写在除夕的诗词，"初心自慷慨，白首还蹉跎""其生竟几何，倏忽已颓龄""惆怅新愁添白发，鬓边如雪映寒花""明朝揽镜休怜色，未入新年鬓已华""浩荡江湖容白发，蹉跎舟楫待青春""酒冷香销

◎《蕉岩鹤立图》为明代宫廷画家吕纪的画作。吕纪擅长花鸟画，继承两宋"院体"风格，以工笔重彩为主，兼能水墨写意。这幅《蕉岩鹤立图》笔墨工细，仙鹤羽翼洁白，姿态优雅，遗世独立，栩栩如生，旁有残蕉相伴。

［明］吕纪《蕉岩鹤立图》

梦不成,逼人殊觉岁峥嵘"……对岁月流逝的恐惧,平时还不觉得,到了这时候就都浮上了心头。

除夕漂泊在外的人就更加难过了。"十年江海客,孤馆别离人""异乡垂老计,春草隔年心"。大诗人高适写道:"旅馆寒灯独不眠,客心何事转凄然。故乡今夜思千里,霜鬓明朝又一年。"要知道,这是一个昂扬的时代,诗人生性还猖狂奔放、豪气干云,"莫愁前路无知己,天下谁人不识君"是何等的豪迈和洒脱。

年年难过年年过。

(三)

作为一年中最重要的节日,除夕到底还是应该欢乐的。唐太宗李世民的《守岁》渲染了宫殿迎新的豪华气氛之后,以"共欢新故岁,迎送一宵中"两句,把除夕的辞旧迎新写得如此欢欣祥和。毕竟是千古明君,毕竟是万邦来朝。

对平常人来说,祭祖和年夜饭是欢乐的。不忘来时的路,除夕的祭祖很隆重,隆重的仪式感多于追思本身。中国人是简朴的,但不论贫富,祭祖后的年夜饭要各尽所能,鸡鸭鱼肉粉丝千张……有一年,父亲借钱买了一斤猪肉,不敢走大路,绕道田埂,还是被生产队长发现后以欠钱户为理由没收了。过年没有吃上一点荤腥,是父亲直到晚年都没有放下的心结,觉得一家之主愧对家人。现在都说年味淡了,从某种意义上讲,是好事,因为平时的日子里小康味浓了。

除夕夜，娃娃们人满为患，晚饭后人手一盏油纸灯笼，装上蜡烛，成群结队地串门讨糖讨瓜子，其乐融融。但哇哇的哭声会随时响起，雪多路滑，也许是哪个倒霉蛋摔跤把灯笼烧掉了。哇哇几声之后，摔倒的娃娃来不及多伤感，赶紧爬起来，屁颠屁颠地继续串门。半夜时分，再回家领压岁钱。我小时候的压岁钱多半是一张崭新的两毛钱，绿色的票子，以至于我对这张票子的感情都不一样。枕头下焐几天，开学要交学费。此时，姐姐已经为我准备好新衣、新鞋、新袜……在父亲的催促声里，我恋恋不舍地上床，醒来就是新的一年。

"东风自此无闲暇，万里乾坤一夜新"，所有的不愉快都随着旧岁一起过去吧，让我们敞开怀抱迎接新年！

花信

万紫千红总是春

　　说立春是春季的开始，这当然是对的。但春天不是立春那天就突然到来的。冬至节气，阴到了极点，阳开始酝酿，春开始启动。杜甫诗歌说，"天时人事日相催，冬至阳生春又来"。待到小寒、大寒，春的气息已经被植根于大地的百花感受到，于是鲜花开始相继开放。到了立春，春天就像人或者建筑物一样，站立起来，让所有人都看得见了。所以花信风，并不是从立春开始，而是从小寒开始。

　　"等闲识得东风面，万紫千红总是春"，百花集中开放，从小寒开始，到谷雨结束，跨八个节气、二十四候。古人为每候选了一种花做代表，于是有了"二十四番花信"。"信"是诚信、守信的意思。应花期而来的风，就是花信风，也就有了"二十四番花信风"。"花信"和"花信风"的说法，至少存在了千年之久。

　　二十四番花信风最常见的版本是：

小寒，一候梅花、二候山茶、三候水仙；

大寒，一候瑞香、二候兰花、三候山矾；

立春，一候迎春、二候樱桃、三候望春；

雨水，一候菜花、二候杏花、三候李花；

惊蛰，一候桃花、二候棣棠、三候蔷薇；

春分，一候海棠、二候梨花、三候木兰；

清明，一候桐花、二候麦花、三候柳花；

谷雨，一候牡丹、二候荼蘼、三候楝花。

　　当代人推崇的十大名花中，梅花、牡丹、兰花、水仙、茶花都在其中；荷花开放在夏天，桂花吐蕊在秋天，菊花则属于初冬，不在花信风的八个节气内；月季和杜鹃是春天的花，却未被列入，只能说可供选择的花太多，或者说它们不怎么受文人墨客的青睐——古人咏叹这两种花的确实不算多，月季、杜鹃进入诗词的概率，自然远远不及梅、荷、菊，也不及桃、李、杏和海棠、蔷薇。

　　花信风始于小寒，正是一年最冷的时节，傲霜斗雪的梅花最先传递春天的信息。所以花信风以梅花为首，梅花也因此是万花之首，百花之首，十大名花之首，"花魁"之名实至名归。花信风以楝花为结束，但诗歌说"开到荼蘼花事了""谢了荼蘼春事休"，荼蘼更是百花和春天结束的象征。

　　中国诗词汗牛充栋，描写花的诗词构成了中国诗词最生机

満幅轻綃奪象芳威明首称敬
绍光珠红石锦出画院寓意传
情惜赵昌祇八葉给并论铨评
佐多蕾吴阎香室和铭盏非真
好脈涝午共我閒鳴
江少厓评赵昌蓝果燦成不
为采色可德是情空生工少
作雨易不解粉英汲俗已居并
下载常黑夕明水似已居并
串画湖石上佳五寸评花
能展拓布势名人毒法珠不
曝展寄势名人毒法翰门
此山莫畫幅本六或肩破搅
吉之非全韻然易蕾尓多觀
什岁誠可見矣右
丙申晟相得筆

[北宋]赵昌《岁朝图》

◎赵昌，北宋画家，专攻花卉草虫。《岁朝图》为其代表作，画中花团锦簇，水仙、山茶、梅花、长春、芙蓉各花竞相盛开，营造出一种生机盎然的氛围。画作色彩明丽，构图别致，湖石和的花朵几乎布满整个画面，丝毫不留空地，极具装饰效果。

勃勃的一部分,虽有人间气,却无烟火味。"疏影横斜水清浅,暗香浮动月黄昏"(梅花)、"草色青青柳色黄,桃花历乱李花香""小楼一夜听春雨,深巷明朝卖杏花""东风袅袅泛崇光,香雾空蒙月转廊"(海棠)、"水晶帘动微风起,满架蔷薇一院香""桐花万里丹山路,雏凤清于老凤声""梨花院落溶溶月,柳絮池塘淡淡风"……如果把百花的著名诗篇汇编成一本图文并茂的科普书,相信一定很有意思。

　　我在山里长大,从小与花为伍,一般都是先识花,而后背诗。楝花是例外。我先是读到明代诗人杨基《天平山中》"细雨茸茸湿楝花,南风树树熟枇杷。徐行不记山深浅,一路莺啼送到家",一下子被惊艳了,然后根据这首诗去找楝花,终于认识了这高大乔木上长的淡紫色小花。楝花之后,"二十四番花信过,独留芳草送残红",时光荏苒,就到了绿肥红瘦的夏天。

梅花

暗香浮动月黄昏

梅花是中国十大名花之首,在中国传统文化中,梅以它的高洁、坚强、谦虚的品格,给人以励志奋发的激励。中国人写花的诗词,千千万万,但最多的是写梅花。

那梅花有哪些具体的含义呢?我们借一些诗词来体会。

上篇　春天的使者

赠范晔诗

[南北朝]陆凯

折梅逢驿使,寄与陇头人。

江南无所有,聊赠一枝春。

二十四花信风,梅开百花之先,独天下而春。梅花已经开了,春天还会远吗?这首诗就是把梅花当成了春天的使者。三国归晋,大一统的晋朝之后,就是大分裂的南北朝。其中,南朝包含宋、齐、梁、陈四朝,北朝包含北魏、东魏、西魏、北齐和北周五朝,一直到隋朝才重新恢复大一统。陆凯是北魏诗人,范晔是南朝宋的文学家。虽然分处南北,但两人非常要好。当时人记载,陆凯从江南寄一枝梅花,给长安的范晔,并且写下这首诗。但是唐朝人从地理位置分析,又觉得应该是南方的范晔寄给北方的陆凯。不管谁寄给谁,超越时间、超越空间、超越王朝,寄送梅花已然成为一段友谊的佳话。我对古人的这份友谊和情趣,真是心向往之。

杂诗三首·其二

[唐]王维

君自故乡来,应知故乡事。

来日绮窗前,寒梅著花未?

冬天是归乡的季节。远离故乡的王维,难免也会想念故乡。见到故乡来的人,不问人,不问事,只问窗前的梅花开了没有。千言万语,婉转蕴藉。很深情,很清新,也有点小妩媚。

梅花

[宋]王安石

墙角数枝梅,凌寒独自开。

遥知不是雪,为有暗香来。

彼在桥边，此在墙角。都是白梅，都是凌寒开放，在寒冷之中传递春的信息。

雪梅·其一

[宋]卢梅坡

梅雪争春未肯降，骚人阁笔费评章。

梅须逊雪三分白，雪却输梅一段香。

雪梅·其二

[宋]卢梅坡

有梅无雪不精神，有雪无诗俗了人。

日暮诗成天又雪，与梅并作十分春。

宋人写诗，喜欢说道理，说理就要找碴儿。梅和雪，如果都有生命，我相信他们也不会"争"得不肯"降"以至于需要让文人墨客去费力气评说。阁笔，就是搁笔，放下笔的意思。但卢梅坡这么找碴儿，倒也别具一格，从别人想不到的角度，说出了别人想不到的意味。

中篇　坚强的斗士
上堂开示颂

[唐]黄檗禅师

尘劳迥脱事非常，紧把绳头做一场。

不经一番寒彻骨,怎得梅花扑鼻香?

黄檗(bò)禅师是唐朝著名的禅师。福建人,在故乡黄檗山出家,后来主持洪州(今江西南昌)大安寺。前面两句,因为是佛语,故而众说纷纭。这首禅诗的意思是,明心见性是非常难达成的关要之事,要彻底放下假我,精进修行。不经过脱胎换骨的修炼,怎么能真正开悟得解脱呢?

梅花绝句·其一

[宋]陆游

闻道梅花坼晓风,雪堆遍满四山中。

何方可化身千亿,一树梅花一放翁。

冰雪季节,早晨尤为寒冷。梅花在晓风中开放,尤其显出斗士的品格。陆游希望自己也是如此勇敢、坚强,“一树梅花一放翁”。

卜算子·咏梅

[宋]陆游

驿外断桥边,寂寞开无主。已是黄昏独自愁,更着风和雨。

无意苦争春,一任群芳妒。零落成泥碾作尘,只有香如故。

坚强源于艰苦,伟大出于困厄。哪怕粉身碎骨,也不损伤自己不屈的品格。这就是伟大的、坚强的、不屈不挠的陆游。

卜算子·咏梅

毛泽东

读陆游咏梅词,反其意而用之。

风雨送春归,飞雪迎春到。已是悬崖百丈冰,犹有花枝俏。

俏也不争春,只把春来报。待到山花烂漫时,她在丛中笑。

陆游的词是好词,反其意更加是好词。虽然是反其意,却又殊途同归。同为千古绝唱,从不同角度,歌颂了梅花的坚强和不屈。

下篇　独处的隐士

墨梅

[元]王冕

我家洗砚池头树,朵朵花开淡墨痕。

不要人夸好颜色,只留清气满乾坤。

斗士是一种勇敢,隐士则是另一种勇敢。在无法抗衡社会的时候,洁身自好,不同流合污,也是值得赞许的品格。不在乎他人的评价,也不需要别人的赞美,只需要把自己的清香留在天地之间。"穷则独善其身,达则兼济天下",这是中国文人的理想主义,却都能在梅花的斗士和隐士的双重品格中找到映照。

[明]陈洪绶《摘梅高士图》

◎《摘梅高士图》为明代画家陈洪绶所作。陈洪绶一生以画见长，尤工人物画，人谓"明三百年无此笔墨"。其所画人物，体格高大，衣纹细致、清晰、流畅，勾勒有力度。《摘梅高士图》用简洁有力的线条勾勒出一名高士折梅欣赏的图景，画面简洁，勾勒传神，格调高古。

白梅

［元］王冕

冰雪林中著此身，不同桃李混芳尘。

忽然一夜清香发，散作乾坤万里春。

墨梅是隐逸性格的写照，白梅也可以是隐逸性格的写照。隐逸的其实不是梅花，而是王冕本人。王冕一生爱好梅花，种梅、咏梅、画梅。隐居在故乡会稽九里山，自号梅花屋主，以卖画为生。朱元璋请他做官，他干脆以出家来抗拒。

山园小梅

［宋］林逋

众芳摇落独暄妍，占尽风情向小园。

疏影横斜水清浅，暗香浮动月黄昏。

霜禽欲下先偷眼，粉蝶如知合断魂。

幸有微吟可相狎，不须檀板共金樽。

作者林逋（bū），又是一位隐士，长年隐居杭州西湖，泛舟湖上。每逢客至，童子纵鹤放飞，林逋见鹤必棹舟归来。终生不仕不娶，植梅养鹤，说自己"以梅为妻，以鹤为子"，人称"梅妻鹤子"。爱梅爱到如此地步，古人的精神境界，有时候很难用当下的世俗眼光来揣摩和想象。

荼蘼

开到荼蘼花事了

谷雨是春天的最后一个节气，荼蘼是谷雨节气的第二个花信风物候，前面有牡丹，后面有楝花。按花信风物候排序，荼蘼并不是春季中最后一个，但偏偏成了春天结束的象征。《现代汉语词典》解释："荼蘼，落叶灌木，攀缘茎，茎有棱，并有钩状的刺，羽状复叶，小叶椭圆形，花白色，有香气。供观赏。也作酴醾。"

把荼蘼写得最好的是下面王淇这首诗，"开到荼蘼花事了"也成了总结春天百花的一个名句。

春暮游小园

［宋］王淇

一从梅粉褪残妆，涂抹新红上海棠。

开到荼蘼花事了，丝丝天棘出莓墙。

这首诗从二十四番花信风的梅花开始写起，经历海棠，一直写到荼蘼、天棘，简直把一个春天的全过程都写完了。

荼蘼

［宋］方岳

山径阴阴雨未干，春风已暖却成寒。

不缘天气浑无准，要护荼蘼继牡丹。

天太冷，影响花开；天热了，又会加快花谢。于是，方岳认为，天气变冷，是为了保护荼蘼。真是别出心裁。除了这两首，把荼蘼写得好的是两位女词人的作品。而"谢了荼蘼春事休"与"开到荼蘼花事了"几乎是一样的意思。

小重山·春愁

［宋］吴淑姬

谢了荼蘼春事休。无多花片子，缀枝头。庭槐影碎被风揉，莺虽老，声尚带娇羞。

独自倚妆楼。一川烟草浪，衬云浮，不如归去下帘钩。心儿小，难着许多愁。

吴淑姬这首词，最精彩的当数最后两句，"心儿小，难着许多愁"，把小女子的心思写得极其可爱。下面朱淑真这首词也是最后两句精彩："千钟尚欲偕春醉，幸有荼蘼与海棠。"写文章，开头、结尾很重要。

鹧鸪天·独倚阑干昼日长

[宋]朱淑真

独倚阑干昼日长，纷纷蜂蝶斗轻狂。一天飞絮东风恶，满路桃花春水香。

当此际，意偏长，萋萋芳草傍池塘。千钟尚欲偕春醉，幸有荼蘼与海棠。

两首词都出自才女之手。说到女子，再补《红楼梦》里的一个细节。在第六十三回"寿怡红群芳开夜宴"中，这天宝玉生日，姑娘们凑份子，猜拳行令，抽签解签。人很齐，玩到很晚，酒也喝得很尽兴。

> 麝月便掣了一根出来。大家看时，这面上一枝荼蘼花，题着"韶华胜极"四字，那边写着一句旧诗，道是：开到荼蘼花事了。注云："在席各饮三杯送春。"麝月问怎么讲，宝玉愁眉忙将签藏了说："咱们且喝酒。"

宝玉为什么要把这根签藏起来呢？因为荼蘼，盛极而衰，代表了春天的结束，所以有"末路之花"的花语。这是大观园最后的盛宴。花原本就是花，什么时候开，什么时候谢，都是自然的选择、老天爷的安排。荼蘼极清爽、繁复，蓬蓬勃勃的，很好看，也有宜人的香气。但是人，总是好事，给花赋予了更多的含义。荼蘼何辜？所有的花，都是大自然的恩赐，放下包袱，尽情地赏花吧。到了荼蘼开时，这个春天也已经快结束了。

[近代]陈师曾《蔷薇图》

◎陈师曾（1876-1923），江西修水人，近代画家，擅长花鸟、人物、山水等题材，注重写生创造，其花鸟画绮丽却不失浑厚。《蔷薇图》色彩柔和，画面中的蔷薇枝条纤长，随手勾画的花形显示出自然生动的姿态。

荷花

映日荷花别样红

六月花神

中国古代有花信风之说，意思是说，花很守信，到了相应的时节，就会准时开放——此时此刻，催开某种花的风，就是相应的花信风。马上就有人说，打住！荷花与花信风无关。是的，花信风专指从小寒到谷雨这八个节气的花。

所以，花信风与夏天和秋天无关。我最喜欢的荷花和桂花，也因此被排除在了花信风之外。四季有花，如果要选一个夏天的代表，非荷花莫属。十二花神中，六月花神就是代表荷花的西施。如果有人再做全年的花信风，一定不要漏了荷花。

诗人最爱

中国是一块上苍眷顾的大地。以中国为原产地的花很多，比如荷花。新疆发现的最早的荷花化石，在千万年之前。神州从南到北,从东到西,有水的地方都有荷花。荷花的名字也特别多,莲花、藕花、芙蕖、水芙蓉是最常见的别名。未开的荷花还有一个特别的名字,叫菡萏。

上苍喜爱每一种花,但诗人不然,诗人喜欢写的花数来数去就那么几种,最喜欢的当属梅花、荷花、菊花和桂花。《诗经》中"隰有荷华",荷华就是荷花,这是一首打情骂俏的爱情诗。后来就多了"小荷才露尖尖角,早有蜻蜓立上头""接天莲叶无穷碧,映日荷花别样红""荷叶罗裙一色裁,芙蓉向脸两边开""三秋桂子,十里荷花""兴尽晚回舟,误入藕花深处""镜湖三百里,菡萏发荷花"……数不胜数,苦了不爱背诗的小学生。

写莲花的诗歌,采莲占了不小比例。"江南可采莲,莲叶何田田""小娃撑小艇,偷采白莲回""采莲南塘秋,莲花过人头"。采莲,想起来很美,其实是一项辛苦的劳动。

《爱莲说》之余

都说张若虚的《春江花月夜》"孤篇盖全唐",其实不对,准确地说应该是"全唐压不倒孤篇"。唐诗的璀璨在于,谁也不能掩盖谁的光辉。诗歌没有最好,只有更好。

但文章不然,最好就是最好。一种花,一处景,如果有一篇最好的文来匹配,那就是天大的福分。但副作用也是显而易见的,就是后人再也不敢班门弄斧。《滕王阁序》《醉翁亭记》《岳阳楼记》之后,再也没有人敢写滕王阁、醉翁亭和岳阳楼。周敦颐的《爱莲说》一出,就再也没有人敢写莲花,除非足够有才或

［南宋］吴炳《出水芙蓉图》

◎《出水芙蓉图》是南宋画家吴炳的又一佳作，画虽小，却十分精致生动。画面布局和设色端庄大气，在碧绿的荷叶映衬下，粉红色的莲花显得格外清丽娇艳，完美地表现出荷花"出淤泥而不染，濯清涟而不妖"的君子气度。

者足够胆大。

　　才不够而胆有余的我，还是忍不住要补充一下《爱莲说》，我爱莲的理由不仅仅是莲花像君子，还因为吃。民以食为天，百花之中，荷花对人最友好。花能吃，济南有个大明湖，大明湖畔有个美女叫夏雨荷，夏雨荷最拿手的厨艺是炸荷花，可惜我没有吃过；藕能吃，《红楼梦》里的太太、姑娘都喜欢"藕粉桂花糕"，可惜我没有吃过；莲子能吃，莲子拌田七，夏天清火的首选，可惜我没有吃过；荷叶也能吃，荷叶叫花鸡是洪七公的最爱，可惜我还是没有吃过。

可见，于吃而言，我要补的功课太多。不开一个荷之宴，对不起夏天。

梅雨

黄梅时节家家雨

梅雨，是亚洲特有的气候现象，从中国的长江流域，一直到日本、韩国，这个时节都会持续性地下雨。此时，江南的梅子开始成熟，所以叫"梅雨"。现在不少人厌烦的梅雨，在古人看来，竟是如此之美。

约客

[宋]赵师秀

黄梅时节家家雨，青草池塘处处蛙。

有约不来过夜半，闲敲棋子落灯花。

写梅雨的诗很多，这首最有名。"黄梅时节家家雨，青草池塘处处蛙"是这个时节最好的写照。很佩服诗人，"家家雨"，雨难道不是一下就是一片的吗？怎么还分人家呢？我就想不到这么写。诗人这么写了，匪夷所思，又不突兀。"有约不来过夜半，闲敲棋子落灯花"，梅雨季节，约人下棋，半夜还没有到，轻轻地敲着棋子，灯花被震得掉下来。有落寞吗？有失望吗？有温馨吗？有期待吗？都有。可是这种等待的感觉，又很好，连带着梅雨也那么美好。

青玉案·凌波不过横塘路

［宋］贺铸

凌波不过横塘路，但目送，芳尘去。锦瑟华年谁与度？月桥花院，琐窗朱户，只有春知处。

碧云冉冉蘅皋暮，彩笔新题断肠句。试问闲愁都几许？一川烟草，满城风絮，梅子黄时雨。

这是贺铸晚年退隐苏州时所作。上片写情深不断，相思难寄；下片写由情生愁，思绪纷纷。"愁"是很难描述的，尤其是

◎《榴花小景图》是明代画家陆治创作的一幅绢本设色画。此图绘有百合、菖蒲、榴花，随意勾画点染，构图别致，设色清新，生意盎然，画面左上角款题"隆庆庚午天中节，包山陆治写"。"天中节"即端午节，是陆治应景之作。画家通过对吉祥寓意植物菖蒲、榴花、百合的刻画，表达了祈求天下太平、百姓合好的美好愿望。

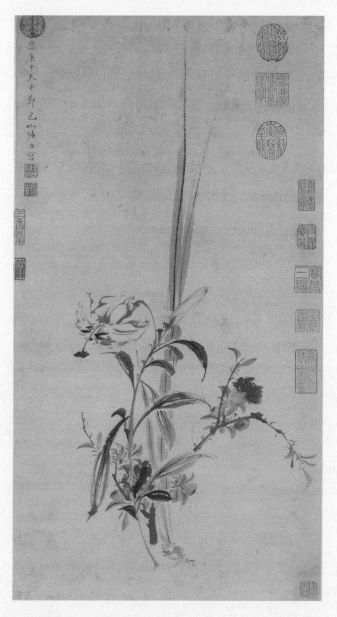

［明］陆治《榴花小景图》

"闲愁"——那种莫名其妙的愁、捉摸不定的愁。这种愁,就像那"一川烟草,满城风絮,梅子黄时雨"。用有形写无形,一系列的比喻将抽象的、难以捉摸的感情写得十分具体生动。这首词当时就很著名,最后一句为贺铸博得一个美称:"贺梅子"——古人取绰号都是这么的雅致和美妙。

三衢道中

[宋]曾几

梅子黄时日日晴,小溪泛尽却山行。

绿阴不减来时路,添得黄鹂四五声。

三衢即衢州,因境内有三衢山而得名。梅雨季节,常常是雨下个不停,但也有不下雨的时候,这样的情况叫"空梅"。这首诗就是写空梅。诗人在这个季节,坐小船到了溪的尽头,再走山间小路。小路上的绿荫跟前面一样,还要多几声黄莺的鸣叫。"绿阴不减来时路,添得黄鹂四五声",好美的山,好美的路,我都想请假了:山路那么美,我想去看看。

鹤冲天·梅雨霁

[宋]周邦彦

梅雨霁,暑风和。高柳乱蝉多。小园台榭远池波。鱼戏动新荷。

薄纱厨,轻羽扇。枕冷簟凉深院。此时情绪此时天。无事小神仙。

台榭、纱帐、竹席……这些都是宋词中常用的题材,比如辛弃疾"舞榭歌台,风流总被雨打风吹去",李清照"玉枕纱厨,半夜凉初透""红藕香残玉簟秋",是当时小资生活的象征。梅雨结束常常暑热难忍。这般暑风和煦、枕席清凉的场景,特别难得。梅雨、和风、高柳、乱蝉、新荷,美好的景色是作者闲适自在的写照。在当今事情多、节奏快、压力大的社会,"无事小神仙"是多么让人神往的状态。

一口气念了四首写梅雨的诗,知道他们为什么心情好吗?《青玉案》中有一个关键词"闲"。闲得找人下棋,闲得发愁,闲得游山玩水,闲看鱼戏莲叶间——总之,幸福有很多条件,首先就要有"闲"。

三伏 赤日炎炎似火烧

（一）"伏"：从"伏侍"到"潜伏"

三伏、三九、梅雨……这些都是中国古人给特定时间的气候现象取的名字。这些现象年年出现,具有规律性。三伏大致在公历 7 月到 8 月,是一年之中最热的时节。

俗话说,"热在三伏",什么是三伏？伏,《说文解字》解释,"司也。从人从犬。"从本义看,不是许多人期待的躺平,而是像狗一样地趴着伺候别人。

在文言文中,"伏侍"这个词最接近本义。《西游记》中孙悟空说："这个放心,暗中自有神灵保护,明中等我叫那些和尚伏侍。"这个"伏侍"是真的。《水浒传》中杨雄对石秀说："兄弟,你与我拔了这贱人的头面,剥了衣裳,我亲自伏侍他。"这个"伏侍"杀气腾腾的,是反义。从"伏侍"这个意思出发,延伸为匍匐、趴下、潜伏、潜藏。三伏的"伏"就是潜伏、潜藏的意思,意思是说，此时，阳气最盛，阴气受阳气所迫，潜藏于地下。

中国古人认为，阴阳是自然变化的内驱力，一年四季是阴阳此消彼长、周而复始的一个过程。到了三伏天，阳气最旺盛，阴气被压制在地下。

但月盈则亏，水满则溢，物极必反，此时，阴阳力量的转换也已经开始了。

（二）三伏：40天或30天

三伏，是初伏、中伏和末伏的统称。此时气候特点是气温高，气压低，湿度大，暴雨多。哪天进入三伏天呢？它有准确的时间起点和终点。

初伏也叫头伏，从夏至节气后的第三个庚日开始，10天；中伏，从夏至节气后的第四个庚日开始，到末伏；末伏，从立秋节气后的第一个庚日开始，10天。初伏、末伏固定各是10天。中伏或20天，或10天。这样，三伏天的长度，或40天，或30天。

那么什么是"庚日"呢？接着往下看。

（三）干支纪日：什么是"庚日"

中国古代用天干、地支来纪年、纪日。天干有十个：甲、乙、丙、丁、戊、己、庚、辛、壬、癸；地支有十二个：子、丑、寅、卯、辰、巳、午、未、申、酉、戌、亥。

"天干"像树干，"地支"像树枝。两者结合，才能为大树的每一个部位进行定位。十个天干和十二个地支循环搭配，满六十开始循环往复。

搭配的方法：天干第一个与地支第一个搭配成"甲子"，天干第二个与地支第二个搭配成"乙丑"，天干第三个与地支第三个搭配成"丙寅"……以此类推，天干第十个与地支第十个搭配成"癸酉"。此后，由于天干少两个，所以天干又从头开始，天干第一个与地支第十一个搭配成"甲戌"，天干第二个与地支第十二个搭配成"乙亥"。这时候地支十二个用了一遍，变成天干第三个与地支第一个搭配成"丙子"，天干第四个与地支第二个搭配成"丁丑"……如此往下搭配，六十次正好一轮。

人说"六十花甲子"，就是从这里来的。意思是活满六十岁，就经历了一个完整的循环。过去人通常认为，这样也就不亏了，再活就是赚的了。

搭配形成的表格如下：

甲子	乙丑	丙寅	丁卯	戊辰	己巳	庚午	辛未	壬申	癸酉
甲戌	乙亥	丙子	丁丑	戊寅	己卯	庚辰	辛巳	壬午	癸未
甲申	乙酉	丙戌	丁亥	戊子	己丑	庚寅	辛卯	壬辰	癸巳
甲午	乙未	丙申	丁酉	戊戌	己亥	庚子	辛丑	壬寅	癸卯
甲辰	乙巳	丙午	丁未	戊申	己酉	庚戌	辛亥	壬子	癸丑
甲寅	乙卯	丙辰	丁巳	戊午	己未	庚申	辛酉	壬戌	癸亥

所谓"庚日"就是干支纪日中带有"庚"字的日子，包括庚午、庚辰、庚寅、庚子、庚戌、庚申。每十天出现一次。

（四）气候特点：高温多雨

三伏天总在小暑、大暑、处暑前后，"暑"，热的意思。意思是一年中气温最高且又潮湿、闷热的日子。

高温好解释，是因为太阳在头顶上。"赤日炎炎似火烧，野田禾稻半枯焦"。夏至是太阳直射北回归线，是太阳最高的时候，但夏至之后，虽然太阳逐渐往南走，但地面的温度在继续积累，持续升高，导致小暑、大暑比夏至的温度更高。

造成三伏天湿度高原因，是因为吹东南风。东南风来自太平洋和印度洋，空气潮湿，风的潮湿造成了三伏天湿度大。到了深秋或冬天则相反，吹西北风，而西北方是干燥的内陆，寒冷而干燥的风吹向大陆，于是冬天湿度低。此时在海洋上形成的台风，会接二连三地出现，在影响的区域内形成暴雨。

（五）三伏天养生：动静适宜

"热在三伏"，三伏天是健康最容易出问题的时候。大文豪苏轼就是中暑去世的。在三伏天，我们喜静不喜动、喜冷不喜热。通俗讲，盼望躺平。但是这并不养生，三伏天恰恰需要有一定的运动——但是不要剧烈，且避免在阳光下运动。

中医认为，"百病从寒起"，三伏天如果有汗排不出、四肢冰冷、腹泻胃痛，可能都是受"寒"了。"冬病夏治"，就是夏天要把寒气从体内赶出去。三伏天不是应该吃冷饮，而是应该喝热茶、吃热食、洗热水澡，该运动的要运动，该出汗的要出汗。当

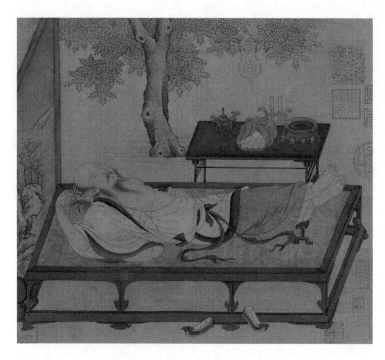

[南宋]佚名《槐荫消夏图》

◎《槐荫消夏图》描绘了在盛夏的绿槐浓荫下，一位文人悠闲的消夏避暑生活。图中人物、床榻、条案、文房四宝等勾勒细致，富有艺术表现力。笔触飘逸柔美，人物和背景烘染细腻，体现了画家细致的观察力和深厚的绘画功底。

然，因为太热，不开空调无法睡觉，所以开空调睡觉无可厚非，睡眠是最大的养生。对健康正常的人来说，无须过度考虑食补、食疗。但要记得，"伏"着、不出门、躺平，并不是最好的消夏姿势。

数九

一九二九不伸手

　　俗话说，"冷在三九，热在三伏"。冷中之最，大概率出现在"三九"。从"一儿"数到"九九"，合称"数九"，其过程从严冬到春暖花开。"数九歌"，也叫"九九歌"，是我爸爸教给我的第一首"唐诗"——我小时候把所有诗歌都叫作"唐诗"。"一九二九不伸手，三九四九冰上走。五九和六九，河边看杨柳。七九河沿开，八九燕子来。九九加一九，耕牛遍地走。"各地都是口口相传，版本大同小异。

　　数九从什么时候开始呢？有人说从冬至开始，不能说没有依据。1500 年前，南北朝时期，梁朝学者宗懔到荆楚为官，用轻松朴实的文笔记下当地的岁时节令、风物人情，这就是《荆楚岁时记》。书中写道："俗用冬至日数及九九八十一日，为寒尽。"这和我们经常听到的"九在冬至后""冬至后入九"的说法相同。但是，如果说"九"从冬至那天开始"数"，也不完全准确。

经过不断的积累和总结，中国人对气候的观测和记录越来越精细化，慢慢固定下来，"九"从冬至后的第一个"壬日"开始"数"，九天为一个九，九九八十一天，冬天过去，春耕春种开始。其中"三九"常常最为寒冷，所以有"三九寒冬""三九严寒"的说法，有一首《红梅赞》，是我小时候听得最多的歌曲之一，"三九严寒何所惧，一片丹心向阳开"，非常提神提气。

那么什么是"壬日"呢？就是干支纪日逢到"壬"的日子。古代历法用干支纪年和纪日。"壬"属天干，"壬申""壬午""壬辰""壬寅""壬子""壬戌"，都是"壬日"，每十天出现一次。比如：2020 年冬至后的第一个"壬日"是 12 月 25 日，"壬寅"日。2021 年冬至后的第一个"壬日"是 12 月 30 日，"壬子"日。比如：2022 年冬至后的第一个"壬日"是 12 月 25 日，也是"壬子日"。这三年"数九"起始日期不相同。所以，数九确实是在冬至后，但具体的日子是不固定的。

从壬日开始数九，最冷的大寒节气一般在"三九"，如果从冬至就开始数九，很多年份的大寒，都到了"四九"，显然与"三九严寒"的说法不符合了。为什么现在又有人主张从冬至当天"数九"？最重要的原因是干支纪年已经很少用、干支纪日基本不用，"数"起来麻烦。而从冬至开始数九，比较简便，反正全民小康，加上气候变暖，现在人对寒冷也不那么敏感了。所以这种主张，倒也无可厚非。

文人喜欢玩游戏，在冬天"画九"和"写九"。"画九"多半是画一枝素梅，八十一个花瓣，每天涂满一个花瓣。"写九"是写

［南宋］马远《梅石溪凫图》

◎马远，南宋画家，擅长画山水。《梅石溪凫图》是一件花鸟与山水相结合的小品。在幽僻的崖涧，石壁上梅花盛开，一群野鸭在涓涓的溪水中追逐嬉戏，梳理羽毛，振羽欲飞，还有一对幼凫伏在母凫的背上，画面表现出微风吹拂、清波荡漾的意境。

九个空心字，每个字都是九个笔画，每天涂一个笔画。画、字都是八十一天涂完。画基本上都是梅花，字的选择就多了，可以根据心中所思所想所盼找出九个都是九笔画的字，造出一个句子。

历经九九八十一天，桃红柳绿，春天又归来了。唐僧历经九九八十一难，取得真经，修成正果。这两个事情，其内核都是中国人的辩证法，从曲折中通往坦途，从黑暗中走向光明。

腊月

丰年留客足鸡豚

黄澄澄的腊肉是我的乡愁。在我们老家大别山区，几乎所有的肉类都可以腌制成腊货。鸡鸭鱼肉，当然很普遍。最有特点的还是猪头、猪肝、猪肠、猪心什么的……还有一个肥大的"téng"鸭，我认识它，也知道这么发音，却不知道它怎么写。发微信朋友圈后，无所不能的网络马上就有了强有力的留言：鹙鸭是一种野生家养的禽类，飞腾上树的能力很强，肉质优良，可以食用——这最后八个字是关键。顿时觉得腊月是最可爱的月份。

腊肉的腊和腊月的腊原本是两个字。腊肉的"腊"，是风干的肉。中国造字是有规律的，"肉"字旁，注意，不念"月"字旁，都表示与肉有关。比如肝、胆、脏、肠、肚、脐、肌等等。腊肉风干是为了保存，适应饥荒时候的需求。后来加了腌制、暴晒、烟熏等工艺，风味就更加独特了。腊月的"腊"，是年底用肉祭祀众神。制作腊肉并不限制月份,但毕竟腊月做得多,两个字慢慢就合一了。

中国骨子里还是乡村社会。平时,城市热闹,是城市机会多。但过年,农村才最有乡情,最有年味。所以在外面受了一年委屈的游子,过年回家,不仅仅是孝敬父母,还有享受年味,这些都是乡愁的一部分。不论贫富,农村的腊月总是最丰盛的。只要不是灾年,你随便去哪家做客,都能体会到这点。

游山西村

[宋]陆游

莫笑农家腊酒浑,丰年留客足鸡豚。

山重水复疑无路,柳暗花明又一村。

箫鼓追随春社近,衣冠简朴古风存。

从今若许闲乘月,拄杖无时夜叩门。

《游山西村》,是山西面的一个村子,还是一个叫山西的村子,我不知道,但肯定与现在的山西省风马牛不相及。山西村在陆游的故乡绍兴,彼时他罢官在家闲居。这首诗最著名的句子,当然是"山重水复疑无路,柳暗花明又一村"。但我最喜欢的不是看,是吃,"莫笑农家腊酒浑,丰年留客足鸡豚。"豚(tún),小猪,代指猪肉。另外最需要解释的是"社"字,这个字太常用了。古代祭祀土地神叫社,春天有春社、秋天有秋社。平时住得有远有近,祭祀土地神的时候,大家赶来相会,所以叫"社

[清]周鲲《绘高宗御书范成大祭灶词》

◎《绘高宗御书范成大祭灶词》是清代宫廷画家周鲲所作的一幅画,是依据宋代诗人范成大《腊月村田乐府其三祭灶词》中描绘的意境而作。画面中生动地描绘了当时民间祭灶的情景,画作上有乾隆帝亲笔题词。

会",社会上的情况就比家庭复杂多了。"社"是土神,"稷"是谷神,帝王都要去祭祀,社稷在一起就是国家。为了某件事情成立的团体或者机构,也叫社,比如我诸多朋友所在的报社、出版社。"山重水复",不要混淆成山穷水尽,那就不是疑无路,而是真的没有路走了。

再推荐一首写腊月的诗:

韦使君宅海榴咏

［唐］皇甫曾

淮阳卧理有清风,腊月榴花带雪红。

闭阁寂寥常对此,江湖心在数枝中。

海榴,又叫海石榴,就是山茶花,与其他花不一样,山茶花含苞待放的时候,花口上已经是红艳艳的一团了。卧理淮阳是个典故,说的是能臣躺在家里都能把地方治理好,真正做到无为而治。韦使君应该是州郡的主政官员,否则不会用上"卧理淮阳"这么高大上的典故。不过,这首诗最让人喜欢的还是最后一句"江湖心在数枝中"。

运动

秋千旗下一春忙

用节气为冬奥会开幕式倒计时,其创意之新,画面之美,惊艳了世界。除了恰逢二十四节气的立春,它还契合了中国人的一种运动观念:应时而动。中国人的应时而动,体现在很多方面,并不因为现代体育的发展而彻底改变。这是一种很有趣的文化现象。

"日出而作,日落而息",这是就每天而言的应时而动,人要随着太阳("日")的节奏而活动。除了学习值得"头悬梁、锥刺股""三更灯火五更鸡",或者为了生计等特殊原因而不得不加班之外,一般来说,中国人是不提倡熬夜的。西式酒吧通宵的都有,但是中式茶馆几个熬到下半夜?"一日之计在于晨",中国人早起、早锻炼的观念深入人心。一些朋友每天雷打不动地晨跑,总让我暗生愧疚,觉得睡懒觉很不应该。

应时而动,顺势而为,许多运动都与特定的时间节点绑在

[南宋]马远《踏歌图》

◎《踏歌图》是南宋画家马远的又一幅作品,画面表现了京城郊外雨后天晴的景色,在丰收的时节,农民在田埂上踏歌而行。上端有题诗:"宿雨清畿甸,朝阳丽帝城。丰年人乐业,垄上踏歌行。"

一起。清明总是与远足在一起，"白白红红相间开，三三五五踏青来"；端午总是与竞渡在一起，"一片笙歌催闹晚，忽然鼓棹起中流"；重阳总是与登高在一起，"遥知兄弟登高处，遍插茱萸少一人"。你说赛龙舟吧，什么季节不可以赛？但是，如果你中秋、重阳呼朋唤友去赛龙舟，总觉得有点怪怪的。这是中国文化特有的现象。

"春种、夏长，秋收、冬藏"，这是动物、植物，也是人的应时而动。"一年之计在于春"，农耕时代这句话很容易理解。现在中国人大多数脱离了农耕，却还用这句话来教育孩子，来鞭策自己。其实夏、秋、冬不是一样重要吗？人的一生仿佛四季，春天就是少年，"少壮不努力，老大徒伤悲""劝君莫惜金缕衣，劝君惜取少年时"，春晚有一句台词"以后名扬四海，根据即在年轻"，说的是同一个道理，都是强调年轻，强调春天。

冬奥会虽然叫"冬"奥会，但不少是在初春举办。古代中国，最主要的运动季节也在春季，从立春开始，经"二月二"龙抬头，到上巳节、寒食、清明前后为盛。上巳节，是农历三月初三，踏青、远足、赏花是主旋律。"三月三日天气新，长安水边多丽人"，真美，许多人读到这句诗，都想穿越到唐朝，会会大唐丰腴的美人儿。常见的运动还有蹴鞠——蹴鞠就是蹴鞠，不是足球，"蹴鞠场边万人看，秋千旗下一春忙"；荡秋千最适合女人，"堤上游人逐画船，绿杨楼外出秋千"；放风筝则主要属于孩子，"儿童放学归来早，忙趁东风放纸鸢"。这些都是有中国特色的体育运动，大多在春天，就连与季节没有什么必然关系的拔河,也多在春天。

提到中国的拔河,不得不说唐玄宗。有一年春天,唐玄宗"令壮士千人,分为二队"……你可以想象以壮为雄、以胖为美的大唐,一千壮士拔河,场面该何等雄壮,这规模后世也不多见吧。万邦来朝,观者如云。呐喊声惊天动地、气壮山河。玄宗亲临,作诗鼓励大家争胜,"欲练英雄志,须明胜负多"。宰相张说奉命和了一首诗,"长绳系日住,贯索挽河流",啧啧,真是抓住了重点,千人拔河的绳子那还得了? 当朝进士薛胜更是做了一篇雄文《拔河赋》,把盛大的场面、激烈的过程铺陈得惊心动魄,称颂这是"大国之壮观"。文章最后说,现场观看的匈奴都吓傻了:"君雄若此,臣国其亡"——"大唐如此厉害,我们惹不起啊!"将办体育和扬国威联系在一起,不是现在才有的事情。

跋

中国人的光阴

　　时间和空间是不可分割的。霍金《时间简史》开篇如此发问：“宇宙从何而来，又将向何处去？宇宙有开端吗？如果有的话，在这开端之前发生了什么？时间的本质是什么？它会有终结吗？”同步思考时间和空间，这点中西方文化是一致的。中国人把四方上下也就是无垠的空间叫“宇”，把古往今来也就是无限的时间叫“宙”。然而在具体的感悟和思考中，时间和空间可以有所侧重。有人说，相比于人们容易注意到的空间，时间才是最大的科学，也是最大的奥秘。与西方文化不同的是，中国人对时间的感悟，总是把自己或者说把人置身于其中。因为有人置身其中，冷峻的时间便成了光阴，氤氲着人文之气。

（一）

　　“时”原本是没有“间”的。就我们有限的感知来说，时间是线性的、无限的、均匀的、单向的。线性的、无限的、均匀的、单向的时间,如果没有进行区分,就没有办法生产和生活,所以必须给"时"确定一个"间",越小的区间越能使行为精确地达到预期的目标。这样就必须通过观察找出规律而发现时之"间"。

太阳一升一降,月亮一盈一亏,是人们最容易观察到的"时"之"间",是为"日""月",这种日月推移,在明亮与阴暗、白昼与黑夜中的轮换,就是时间。时间在中国人这里,就不再是单纯的时间,而是光阴。

"光阴"二字是古诗文中最美的字眼。唐代传奇小说《古镜记》"见龙驹持一月来相照,光阴所及,如冰著体,冷彻腑脏",这里的"光阴"是指月亮的光芒、光亮,既是"光",也暗含"阴"。"光阴"浸润了中国人对时间的理解、利用、珍惜和感叹。

南朝江淹《别赋》"明月白露,光阴往来。与子之别,思心徘徊",把光阴与恋人离别结合在一起;北齐颜之推《颜氏家训》"光阴可惜,譬诸流水。当博览机要,以济功业",将光阴与建功立业联系在一起;唐代李白《春夜宴从弟桃李园序》"夫天地者,万物之逆旅也;光阴者,百代之过客也",将光阴与代际更替联系在一起;唐代韩偓《青春》"光阴负我难相偶,情绪牵人不自由",将光阴与孤独相思联系在一起;唐代王贞白《白鹿洞》"读书不觉已春深,一寸光阴一寸金",将光阴与书院苦读联系在一起;宋代苏轼《二月三日点灯会客》"蚕市光阴非故国,马行灯火记当年",将光阴与怀旧感伤联系在一起……至此，"光阴"的人文含义就较为齐备了。

到了明代，罗贯中《三国演义》"玄德回新野之后，光阴荏苒，又是新春"；李贽《复邓石阳》"年来每深叹憾，光阴去矣，而一官三十余年，未尝分毫为国出力，徒窃俸余以自润"；冯梦龙《喻世明言》"光阴荏苒，不觉又捱过了二年"等等，其义都不出唐宋，并日趋于平民化，遂产生了一句俗语："一寸光阴一寸金，寸金难买寸光阴。"深入了中国人勤劳的心灵。

（二）

"光阴"也可以解释为"日""月"。茫茫苍穹中，日、月是两颗最璀璨的星体，君临大地、普照人间。中国人理解的"日""月"，既是天上自然形态的"日"和"月"，也是文化、心理、精神中的"日"和"月"。

譬如"月"。西方历法中的"月"，把一个太阳年除以十二，每个月的起点和终点，每个月的长度，与天上那一轮明月，其实没有什么明确的关系。而中国传统历法中的"月"，高度尊重自然，它的划分严格依据天上那轮明月。初一，叫"朔"，意思是月亮从消失中"苏醒"过来，是月相最小的时候；"晦"是农历每月的最后一天，月亮到了"尽头"的意思。"望"则是月满的那天，处于一月之正中。"朔"（农历每月第一天）、"望"（农历每月中间一天）、"晦"（农历每月最后一天）都代表了月相。农历的日子一定是在"朔——上弦月——望——下弦月——晦"中循环往复，一个经过训练的人，能通过天上的月相准确判断出农历的日子。

此月是自然的月，也是人文的月。中国人对月充满了温情，最美的诗词都献给了月。写月的诗词，可以是豪放的，壮阔如"明月出天山、苍茫云海间""春江潮水连海平，海上明月共潮生"；也可以是婉约的，妩媚如"月上柳梢头，人约黄昏后""燕子楼中霜月夜，秋来只为一人长"。月可以寄托一切美好的感情，包括乡情"露从今夜白，月是故乡明"；爱情"月上柳梢头，人约黄昏后"；亲情"但愿人长久，千里共婵娟"；友情"青山一道同云雨，明月何曾是两乡"；以及那种不怎么说得清的感情"夜月一帘幽梦，春风十里柔情"。

中国的节日中，与月相关的节日最执着、最深情，包括正月十五的元宵节（上元节），七月十五的中元节，八月十五的中秋节，十月十五的下元节。西方学者甚至把中国人称为崇拜月亮的民族——似乎有点道（注意到了中西方对"月"的感情差异）但其实是不准确的。中国人对所有的时"间"，都充满了丰沛的人文情怀，再譬如节气。

（三）

"节气"是对光阴所做的进一步区分。首先，节气是自然，是对一个太阳年的二十四等分（略有不等）。这与西方的星座是对一个太阳年的十二等分，科学上的道理是一致的。西方的公历是阳历，中国的节气也是阳历——依据的是太阳，而不是月亮。其次，节气还是人文，从节气的命名，到衍生的节气文化,都能体现时之"间"与中国人的高度统一。

在申报世界非物质文化遗产的时候,申报方中的文件有这样的表述:"'二十四节气'是中国人通过观察太阳周年运动,认知一年中时令、气候、物候等方面变化规律所形成的知识体系和社会实践。"作为知识体系,它是科学;作为社会实践,它指导着农业生产和日常生活,是中国传统历法体系及其人类生产生活的重要组成部分,是中国人精神世界的重要组成部分。

二十四节气的命名各有着眼点。立春、立夏、立秋、立冬,是四季的开始,把一年分成了四等分。夏至、冬至、春分、秋分,是太阳高度变化的转折点。小暑、大暑、处暑、白露、寒露、霜降、小寒、大寒,反映气温的变化。雨水、谷雨、小雪、大雪,反映降雨、降雪的时间和强度。惊蛰、清明,反映自然界的动物和环境的变化。小满、芒种,反映农作物的成熟情况。

尽管不知道太阳和地球公转、自转的关系,但是早在 2100 年前,勤劳智慧的中国人就通过观测日影,完整地测算出每个节气的准确时间点。中国人测节气,既是探讨科学意义上的天文学,又是"天人合一",上天对人的价值,一直让人产生深深的敬畏。节气于中国人,还是农时,是农耕社会的最高法则。顺应农时,才能保产高产,所谓"民以食为天",也是"民以天为食"。这恐怕是中国人口众多的根本原因。通过农耕,节气就从自然走入了生活,先物质,而后精神。

中国人相信"天人合一",自然界和人是相通和相对应的。自然界的变化和人的身体、命运之间,有着复杂而隐约的相关性。这是中国人生产生活乃至涵养生命的逻辑起点，春种夏长、秋收冬藏，讲的是自然，也是人。甚至，这也是中国人命相学的逻辑起点。众所周知，中国人的属相不是从元旦开始的，严格来讲，也不是从春节开始的，而是从二十四节气的"立春"开始。

在节气申遗成功后，新华社的评论如是说："节气在当代中国人的生活世界中依然具有多方面的文化意义和社会功能，鲜明地体现了中国人尊重自然、顺应自然规律和适应可持续发展的理念，彰显出中国人对宇宙和自然界认知的独特性及其实践活动的丰富性，与自然和谐相处的智慧和创造力，也是人类文化多样性的生动见证。"所言甚是，然而不仅仅是节气，还有日、月、年。

（原文刊于《文汇报·文汇学人》，收入本书略有改动）

这本书的缘起和我的致谢

　　合上书稿,总觉得意犹未尽。关于节气,再多说几句。太阳和地球的相对运动,造成了节气的周而复始,孕育了世界的生生不息。对我们每个普通人来说,节气是生产加生活,是烟火气、稻花香;从大自然的规律来说,节气更是科学,是鸢飞鱼跃、斗转星移。这是不以人的意志为改变的,节气就是气节。节气和气节,都是独立于这个世界的存在,是天地自然和人类对天地自然的礼敬。当然,节气还是指导中国人生产生活的实践科学,是中国人处理人和自然关系的哲学总结,是中国人的智慧。

　　2022年写了一年的节气。因为疫情,这年显得特别的与众不同,每一段原本倏忽即逝的时光都慢吞吞地刻在了年轮上。同时,由于每次写节气,拍节气视频,更加从未有过地体验到岁月不居。写文章,似乎刚刚交稿,又面临着写稿;拍视频,似乎刚刚回家，又要算着日子出发……一口气都不让你缓过来。因为疫情，这一年增加了些许岁月的痕迹、内心的沧桑，相信很多人也会这样。"最是人间留不住，朱颜辞镜花辞树"，把全年的视频放在面前，清清醒醒看自己老了一年。

作为后记，我必须说说这本书的缘起。2021年仲春，很少联系的《新民晚报》副刊部（"夜光杯"）主任刘芳女士突然约稿，要我写一篇谷雨。欣然答应。没想到文章出来后，受到读者的欢迎，公众号阅读量不错。倡导百花齐放的"夜光杯"，或许也是为新媒体的阅读量所鼓励，越来越多地邀约我写节气。当年写了谷雨、立夏、小满、芒种、大暑、白露、寒露、立冬、大雪、冬至、小寒、大寒，占了一轮节气的一半，到年末基本上都是我写了。最后一篇《大寒，每于寒尽觉春生》被"学习强国"学习平台看中，在首页"推荐"频道推送，一天内获得了超400万的阅读量。

这就有了一个系统策划，2022年重新写一遍节气，制作视频，在相关媒体上系统传播。由"学习强国"上海学习平台、《新民晚报》"夜光杯"和上海江东书院具体实施。上海市委宣传部和上海报业集团领导关心，《解放日报》社周智强副书记和《新民晚报》社阎小娴副总编辑牵头，由"学习强国"上海学习平台、《新民晚报》"夜光杯"和上海江东书院十余人组成一个工作组，对写稿与审稿、首发和转发、文字和视频等都做了系统的安排。"学习强国"学习平台开设"节气解读"专题，上海学习平台开设"二十四节气里的中国智慧"专题，两个专题在发稿节奏上予以区分，有效扩大了传播面。"学习强国"学习平台上总阅读量超过5000万，点赞量147万，单篇阅读量最高的是《春分，乱分春色到人家》，超过700万。多篇文章超过200万、300万、400万——在自媒体一个"10万+"就欢欣鼓舞的时代，罗列这些数字，当然有自豪，但说心里话，不是我写得多么好，是平台的强大。"上海社联""支部生活""四马路上"（上海人民出版社）、"浦东发布"等官方平台，以及众多自媒体平台都有转发。

我生长在大别山区的一个叫潜山的山区县（如今叫市），"七山一水二分田"。我家就在"七山"的最深处，童年时又处在那个特别的时代，除了课本，只有爸爸一年一本从山外集市买回来的《历书》，俗称"新历书"，开本很小，也很薄，前面是日历，后面是一些对联和一些知识。借助这本小书，爸爸教给了我很多知识，时间、节气、节日、对联，以及由此延伸出来的诗词，也夹杂了一点"迷信"——比如风水、看日子。现在想想，这不就是传统文化吗？不就是传统文化的代际传递吗？童年时代播种在灵魂里的种子，不知不觉在我中年之后，在我基本安顿好漂泊的肉体之后，逐渐开花结果了，竟然成了我后半生的事业，真是想不到的事情。先父生前希望我经世致用，说白了就是希望我当官——他去世早，并没有看到我后来真的当了"官"，如今泉下有知，知道我弃官从文，会不会怪我不务正业？

与独立写文章乃至写一本书不一样，这本小文集和配套视频，因为涉及面很广，因此要感谢的部门和人很多。

感谢各级宣传主管部门、上海报业集团的领导和同事们；感谢上海市浦东新区文化基金的老师们,对这项工作的关心和支持;感谢时任《新民晚报》社马笑虹社长的关心和鼓励;感谢《解放日报》社周智强副书记和《新民晚报》社阎小娴副总编牵头系统策划,特别是刘芳女士,我经常"抱怨",她"莫名其妙"的一次约稿,生出许多"事情"来,好在她儒雅和顺,想骂我估计也找不到词;感谢《新民晚报》首席编辑吴南瑶和"夜光杯"全体同仁,他们一次次精心地编排,总是把我的文章放在版面头条和二条,让我一次次"自鸣得意"。

感谢"学习强国"学习平台总编辑刘汉俊先生的关心;感谢"学习强国"上海学习平台编辑部周文菁主任、朱霖等各位编辑。周主任文气之中,还有一份助人为乐的侠气、豪气;朱霖同志的认真和较真儿,让我感受很深。

感谢时任《文汇报》副总编辑缪克构和作家、高级记者江胜信。《文汇报》刊发了对我的专访《节气,是最大的自然》,刊登了我的文章《中国人的光阴》,都收入了本书。

感谢上海社联主要领导和分管领导王为松、任小文、应毓超等的鼓励和"上海社联"编辑部,全年转发了文章和视频。

感谢浦东融媒体中心各位领导和同事。浦东发布团队提供了大量精彩的图片。感谢中心艺术团的孩子们,以及上海数十所学校的领导、老师和孩子们,孩子们的精彩朗诵为视频增色许多。

感谢支持"学习强国"学习平台视频拍摄的浦东新区惠南镇、康桥镇、周浦镇、三林镇、祝桥镇、新场镇、曹路镇、高桥镇、高行镇、万祥镇、洋泾街道、陆家嘴街道、沪东街道、花木街道，闵行区吴泾镇，静安区南西街道等主要领导、分管领导和宣传文化部门的同志们。

感谢老家潜山市委梅耐雪书记和华小芬部长的鼓励。安徽潜山、安徽芜湖、浙江温州、四川成都、江苏张家港、云南大理等许多外地的领导邀请我去拍摄强国节气，因为疫情关系，憾未成行。

感谢"学习强国"学习平台摄制团队黄继红、黄莹、李煜以及他们的同事，一个很敬业的团队，力所能及地把视频拍成了大片。感谢东方财经同事们，拍摄、制作了另一个版本的节气视频，传播量也很大。

参加工作后，一直忙于生计，只能见缝插针写点小文章。与平时写散文的随意不同，"学习强国"学习平台编辑部非常严谨，字字句句要经得起推敲，简直让原本是放松、快乐的写作成了一件"痛苦"的事情。为此感谢浦东科协、浦东科普志愿者协会，我经常咨询植物学家张永平、天文学家汤海明等同志，他们都做了专业的解答。感谢我的老师——北京大学朱良志先生和华东师范大学胡晓明先生，上海古籍出版社老社长高克勤、华师大古籍所研究员丁小明，以及我的老同事、老朋友伍昆和刘骏，在我写作过程中，一次又一次接受咨询、为我把关。大家的讨论和争论，让我更加感受到了中国文化的博大精深。多年来，我通过活动、通过公众号"宝宝念诗"来传播节气文化。在这过程中，学术名家陈引驰、方长安、鲍鹏山、刘强、李定广、方笑一等先生，以及我的老领导姜檤、刘涟清、张国洪、闵师林、朱嘉骏、沈国新、叶永平、张坚等先生也赐教良多、鼓励良多。我在江城芜湖读大学，安徽师范大学中文系云集了一批大师，对我人生帮助最大的是汪裕雄先生，没齿难忘。到华东师范大学后，师从著名美学家楼昔勇先生，楼先生和师母待我如亲生，对我学习、生活持续关心，帮我解决了很多人生中的关键问题。后来师从人文地理学泰斗刘君德先生，刘先生把学问写在祖国的大地上，那种大局观和敬业精神，值得我学习一生。

感谢好朋友杨龙、金卫东、颜维琦、李治国、金朝晖、鲍筱兰、范静雅、俞秋勤、刘燕飞、邢春、陈仲平、张晓鹏、张洛锋、齐卫平以及"中国诗词地理俱乐部"伙伴们的大力支持。每次诗词游，孩子们缠在我身边、挂在我身上，一张张小脸，一双双小手，让我感觉到人间值得。

感谢我的书院伙伴们为这项工作付出的努力。我们是一个团队在工作。特别是去年，拍摄视频、协调场地、组织学生，林林总总，琐琐碎碎，困难程度比平时大许多。

特别感谢浦东教育局、科协牵头，浦东文旅局、文明办、团区委、语委共同支持，连续六年举办浦东科普诗词大会，"科普+诗词"有机结合，形成了浦东教育、科普、文化的品牌，得到了国家语委、中国科协的表彰。区领导和市语委领导多次出席开幕式和闭幕式，鼓励有加。区教育局德育处和区科协科普部作为牵头部门，尤其付出很多。科普诗词大会让我系统思考了诗词与科学的关系，也帮助我确立了本书"科普+诗词"的写作风格。因为怕挂一漏万，就不一一道谢。

每次看电影，演职员和鸣谢名单都长达几分钟，现在我理解了。即便我感谢了如此之多，还有很多在背后默默支持着我的领导和同志们，有时候甚至我都不知道是谁支持和帮助了我和我们。

多家出版社邀请我把节气文章汇编出版，这也是很多读者留言所期待的事情，感谢大家的错爱！我欣然接受了百花文艺出版社总编辑汪惠仁先生的邀请。我跟惠仁兄的友谊，颇有些神交般的古意。相识二十年，交通如此便捷，交流如此频繁，却从未谋面。他负责《散文》杂志，当年从我的博客上读到我写山村的文章，私信联系我，建议给《散文》首发，先后刊发了《杀猪》《我的蒙校蒙师》等拙作。在当年编辑掌握作品"生杀大权"的写作界，我很感谢他的垂青。他是书法家，我向他求字，他每次都欣然应允。至今我办公室里还挂着他的一幅字，"世无沧桑非历史，人不疯狂枉少年"，内容是我自己杜撰的。字是真好，弥补了我思想上的不成熟。感谢百花文艺出版社编辑们辛勤而负责任的工作。

最后要衷心感谢中华民族的伟大祖先，你们的智慧，是我们继续前进的源泉和动力。衷心感谢无数的读者，你们的阅读和鼓励，是我写作的动力。因为才疏学浅，期待大家多多指教。

日涉斋主人韩可胜

癸卯年于上海浦东